Kutubuddin Sayyad Liyakat Kazi

Tomada de decisões com base na IoT impulsionada pela IA

Kutubuddin Sayyad Liyakat Kazi

Tomada de decisões com base na IoT impulsionada pela IA

Abordagem KSK

ScienciaScripts

Cover image: www.ingimage.com

This book is a translation from the original published under ISBN 978-620-8-42085-7.

Publisher:
Sciencia Scripts
is a trademark of
Dodo Books Indian Ocean Ltd. and OmniScriptum S.R.L publishing group

120 High Road, East Finchley, London, N2 9ED, United Kingdom
Str. Armeneasca 28/1, office 1, Chisinau MD-2012, Republic of Moldova, Europe
Managing Directors: Ieva Konstantinova, Victoria Ursu
info@omniscriptum.com

Printed at: see last page
ISBN: 978-620-8-59679-8

Índice

Capítulo 1: Introdução à IA e à IoT

1.1 INTRODUÇÃO:

A Inteligência Artificial (IA) e a Internet das Coisas (IoT) são duas tecnologias transformadoras que, quando integradas, estão a revolucionar a forma como interagimos com o mundo que nos rodeia. A IoT refere-se à rede de dispositivos, sensores e sistemas interligados que comunicam e trocam dados através da Internet. Quando melhorados com capacidades de IA, estes dispositivos não só recolhem grandes quantidades de dados, como também analisam e aprendem com eles em tempo real, permitindo uma tomada de decisões e uma automatização mais inteligentes. Esta sinergia permite uma vasta gama de aplicações, desde casas inteligentes que ajustam a iluminação e a temperatura com base nas preferências do utilizador a aplicações industriais que optimizam os horários de manutenção com base em análises preditivas. Um dos benefícios mais convincentes da integração da IA e da IdC é o potencial para melhorar a eficiência e a produtividade em vários sectores. Nos cuidados de saúde, por exemplo, os dispositivos portáteis equipados com sensores podem monitorizar continuamente os sinais vitais dos pacientes e utilizar algoritmos de IA para detetar anomalias, alertando os profissionais de saúde para intervenções atempadas. Na agricultura, os dispositivos IoT podem monitorizar as condições do solo e os padrões climáticos, enquanto a IA pode analisar estes dados para fornecer informações que ajudem os agricultores a tomar decisões informadas sobre a gestão das culturas. Isto não só aumenta a produtividade, como também promove práticas sustentáveis, optimizando a utilização dos recursos.

Além disso, a combinação da IA e da IdC levanta considerações importantes relativamente à segurança e à privacidade dos dados. À medida que o número de dispositivos ligados aumenta, também aumenta o volume de dados gerados, que podem ser susceptíveis de violações e utilização indevida. Por conseguinte, a implementação de medidas de segurança robustas e a garantia de conformidade com os regulamentos tornam-se fundamentais. Além disso, à medida que os sistemas de IA aprendem com estes dados, as implicações éticas das suas decisões devem ser cuidadosamente consideradas. Equilibrar a inovação com práticas responsáveis será crucial à medida que as organizações navegam nas complexidades da integração da IA e da IoT.

Em resumo, a fusão da IA e da IoT apresenta enormes oportunidades de melhoria numa miríade de sectores. Ao aproveitar a capacidade analítica da IA em conjunto com as capacidades de recolha de dados dos dispositivos IoT, podemos criar sistemas mais reactivos, eficientes e inteligentes. À medida que continuamos a explorar e a inovar neste espaço, o potencial para melhorar a nossa qualidade de vida e impulsionar o desenvolvimento sustentável continua a ser ilimitado, abrindo caminho para um futuro mais inteligente e interligado.

1.2 COMPREENDER A INTELIGÊNCIA ARTIFICIAL: TRANSFORMANDO O FUTURO

A Inteligência Artificial (IA) transformou rapidamente vários aspectos da nossa vida quotidiana, revolucionando a forma como interagimos com a tecnologia e uns com os outros. Desde assistentes virtuais como a Siri e a Alexa, que nos ajudam a gerir os nossos horários, a algoritmos sofisticados que alimentam os sistemas de recomendação em plataformas como a Netflix e a Amazon, a IA está cada vez mais integrada nas nossas rotinas. A sua capacidade de analisar grandes quantidades de dados com rapidez e precisão permite que as empresas tomem decisões informadas, aumentando a eficiência e a produtividade. Por exemplo, nos cuidados de saúde, os sistemas de IA podem ajudar a diagnosticar doenças, prever os resultados dos doentes e personalizar os planos de tratamento, melhorando, em última análise, a qualidade dos cuidados.

No entanto, o crescimento da IA levanta também importantes questões éticas e sociais. As preocupações com a privacidade, a deslocação de empregos e a parcialidade na tomada de decisões algorítmicas estão na vanguarda do discurso público. À medida que as tecnologias de IA se tornam mais prevalecentes, há uma necessidade premente de regulamentação que garanta a sua utilização ética e atenue os potenciais danos. Além disso, a promoção de uma compreensão transparente do funcionamento dos sistemas de IA é crucial para criar confiança no público. À medida que navegamos nesta nova paisagem, a colaboração entre tecnólogos, decisores políticos e especialistas em ética será essencial para moldar um futuro em que a IA sirva o bem coletivo.

Olhando para o futuro, o potencial da IA parece ilimitado, com os avanços na aprendizagem automática, no processamento da linguagem natural e na robótica a indiciarem um futuro em que a IA poderá melhorar as capacidades humanas de formas sem precedentes. O desenvolvimento em curso de veículos autónomos, sistemas de tutoria inteligentes e cidades inteligentes ilustra o potencial transformador da IA para enfrentar desafios complexos em vários domínios. No entanto, o caminho a seguir deve ser trilhado com cuidado, garantindo que a inovação seja equilibrada com responsabilidade, inclusão e respeito pelos direitos humanos. À medida que abraçamos esta era impulsionada pela IA, é imperativo promover um diálogo sobre o tipo de mundo que desejamos criar e o papel que a IA desempenhará nas nossas vidas.

A Inteligência Artificial (IA) evoluiu rapidamente de uma ideia concetual para uma força transformadora em vários sectores, redefinindo a forma como trabalhamos, comunicamos e resolvemos problemas. Com as suas raízes na informática, a IA engloba uma vasta gama de tecnologias que permitem às máquinas imitar a inteligência humana, incluindo a aprendizagem, o raciocínio, a resolução de problemas, a perceção e a compreensão da linguagem. Este artigo explora os principais componentes da IA, as suas aplicações, implicações e os desafios que apresenta.

Na sua essência, a IA é impulsionada por algoritmos e dados. As principais categorias de IA incluem:

1. **IA estreita**: este tipo de IA foi concebido para executar uma tarefa específica, como os assistentes virtuais (por exemplo, Siri e Alexa), os sistemas de recomendação (como os utilizados pela Netflix e pela Amazon) e o software de reconhecimento de imagens. A IA estreita destaca-se nas suas funções designadas, mas carece de inteligência geral.
2. **IA geral**: Também conhecida como IA forte ou AGI (Inteligência Artificial Geral), esta forma teórica de IA teria a capacidade de compreender, aprender e aplicar conhecimentos em vários contextos, à semelhança das capacidades cognitivas humanas. Embora ainda seja objeto de investigação e debate, a IA geral poderia revolucionar sectores inteiros.
3. **Aprendizagem automática (ML)**: Um subconjunto da IA que permite que as

máquinas aprendam a partir de dados e melhorem ao longo do tempo sem serem explicitamente programadas. As técnicas de ML incluem a aprendizagem supervisionada, a aprendizagem não supervisionada e a aprendizagem por reforço, permitindo aplicações desde a análise preditiva ao reconhecimento de voz.

4. **Aprendizagem profunda**: Um ramo especializado de ML inspirado na estrutura do cérebro humano, a aprendizagem profunda utiliza redes neurais para processar grandes quantidades de dados. Alcançou marcos significativos em tarefas como a classificação de imagens, o processamento de linguagem natural e a condução autónoma.

1.3 APLICAÇÕES DA IA:

As aplicações da IA são vastas e variadas, tendo um impacto em numerosos domínios:

1. **Cuidados de saúde**: A IA está a revolucionar os cuidados dos doentes através de ferramentas de diagnóstico avançadas, análises preditivas dos resultados dos doentes e medicina personalizada. Os algoritmos de IA podem analisar imagens médicas, identificar doenças precocemente e até mesmo auxiliar em procedimentos cirúrgicos.
2. **Finanças**: No sector bancário, a IA é utilizada para deteção de fraudes, avaliação de riscos e negociação algorítmica. Os chatbots e os assistentes virtuais simplificam o serviço ao cliente, reduzindo a necessidade de intervenção humana e melhorando a experiência do utilizador.
3. **Transportes**: Os veículos autónomos são uma das aplicações mais discutidas da IA. Empresas como a Tesla, a Waymo e outras estão a desenvolver tecnologia de condução autónoma que tira partido da IA para navegar em ambientes complexos em segurança.
4. **Retalho**: A análise orientada por IA ajuda os retalhistas a compreender o comportamento do consumidor, a otimizar as cadeias de fornecimento e a melhorar a experiência do cliente através de recomendações personalizadas e preços dinâmicos.

5. **Fabrico**: As fábricas inteligentes beneficiam de tecnologias de IA, como a manutenção preditiva, a otimização de processos e o controlo de qualidade através de sistemas de visão artificial, o que resulta numa maior eficiência e na redução dos custos operacionais.
6. **Educação**: A IA está a transformar o panorama educativo, proporcionando experiências de aprendizagem personalizadas, avaliando o desempenho dos alunos e automatizando as tarefas administrativas para libertar o tempo dos educadores para um ensino concentrado.

1.4 IMPLICAÇÕES E DESAFIOS ÉTICOS

O rápido avanço das tecnologias de IA levanta importantes desafios éticos, sociais e jurídicos que devem ser abordados:

1. **Deslocação de postos de trabalho**: À medida que a IA e a automatização substituem as tarefas de rotina, existe a preocupação com a perda de postos de trabalho em vários sectores. Embora a IA possa criar novas oportunidades, a transição pode conduzir a um défice de competências e à desigualdade económica.
2. **Preconceito e equidade**: Os sistemas de IA podem inadvertidamente perpetuar preconceitos presentes nos dados de formação , levando a resultados discriminatórios em áreas como a contratação, a aplicação da lei e a concessão de empréstimos. Garantir a justiça e a transparência nos algoritmos de IA é essencial para criar confiança.
3. **Preocupações com a privacidade**: A recolha e análise de grandes quantidades de dados pessoais pelos sistemas de IA levanta questões de privacidade. É fundamental encontrar um equilíbrio entre a inovação e a proteção dos direitos individuais.
4. **Dependência da tecnologia**: À medida que os sistemas de IA se integram cada vez mais na vida quotidiana, existe o risco de uma dependência excessiva da tecnologia, o que pode diminuir o pensamento crítico e as capacidades de resolução de problemas.

5. **Segurança**: A IA também coloca desafios de segurança, incluindo o potencial para utilizações maliciosas da tecnologia de IA, como deepfakes e armamento autónomo.

1.5 O FUTURO DA IA

À medida que nos aventuramos no panorama da IA, é crucial promover a colaboração entre tecnólogos, especialistas em ética, decisores políticos e a sociedade em geral. O estabelecimento de regulamentos e normas éticas claras pode ajudar a orientar o desenvolvimento e a implantação de tecnologias de IA de forma a beneficiar a humanidade.

Além disso, a investigação em curso no domínio da IA centrar-se-á provavelmente na obtenção de uma maior inteligência geral, no aperfeiçoamento dos algoritmos de aprendizagem automática e na garantia de que os sistemas de IA permanecem interpretáveis e controláveis.

Em conclusão, a inteligência artificial representa um passo profundo para o futuro, oferecendo um potencial incrível em vários domínios. Ao navegar com cuidado pelas suas complexidades e desafios, podemos aproveitar o seu poder para criar um mundo mais eficiente, equitativo e inovador. A viagem da IA está apenas a começar e as suas implicações continuarão a revelar-se de formas que só agora começamos a compreender.

1.6 A INTERNET DAS COISAS: TRANSFORMAR A PAISAGEM MODERNA

A Internet das Coisas (IoT) representa um movimento transformador na tecnologia que liga objectos e dispositivos do quotidiano à Internet, permitindo-lhes enviar e receber dados. Esta rede interligada permite uma comunicação perfeita entre dispositivos, melhorando a eficiência e criando ambientes mais inteligentes. Desde electrodomésticos inteligentes que podem ser controlados remotamente através de aplicações para smartphones a maquinaria industrial equipada com sensores que monitorizam o desempenho em tempo real, a IoT está a revolucionar a forma como interagimos com a tecnologia na nossa vida quotidiana e nas nossas empresas.

Um dos benefícios mais significativos da IoT é a sua capacidade de aproveitar os dados para obter informações e melhorar a tomada de decisões. Por exemplo, na agricultura, os dispositivos IoT podem monitorizar os níveis de humidade do solo, as condições meteorológicas e a saúde das culturas, fornecendo aos agricultores dados acionáveis para otimizar o seu rendimento e conservar recursos. Do mesmo modo, nos cuidados de saúde, os dispositivos portáteis monitorizam os sinais vitais e as métricas de saúde, permitindo cuidados personalizados e intervenções atempadas. À medida que a análise de dados se torna mais sofisticada, o potencial da IoT para melhorar vários sectores, incluindo os transportes, a indústria transformadora e a gestão de energia, torna-se ainda mais evidente.

No entanto, a rápida expansão da IdC levanta também desafios importantes, nomeadamente no que respeita à segurança e à privacidade. Com milhões de dispositivos ligados que recolhem e transmitem dados pessoais, o potencial de ciberameaças aumenta significativamente. É fundamental garantir medidas de segurança robustas para proteger informações sensíveis e impedir o acesso não autorizado. Além disso, à medida que a IoT continua a evoluir, os quadros regulamentares terão de se adaptar para abordar as implicações éticas da recolha e utilização de dados, garantindo que os direitos dos indivíduos são salvaguardados neste cenário cada vez mais digital.

À medida que avançamos para uma era dominada pela IoT, é essencial equilibrar a inovação com a cautela. As possibilidades de melhorar a conetividade, a eficiência e a conveniência são imensas, mas devem ser seguidas com uma abordagem vigilante à segurança e à ética. Ao fazê-lo, podemos desbloquear todo o potencial da Internet das Coisas, criando um futuro em que a tecnologia trabalha em colaboração connosco para melhorar a nossa qualidade de vida e enfrentar desafios globais complexos.

Nos últimos anos, o termo "Internet das Coisas" (IoT) ganhou popularidade, captando a imaginação de empresários, tecnólogos e consumidores quotidianos. Mas o que significa exatamente e como está a transformar a forma como vivemos, trabalhamos e interagimos com o mundo que nos rodeia?

Na sua essência, a Internet das Coisas refere-se à rede de objectos físicos ou "coisas" que estão incorporados com sensores, software e outras tecnologias que lhes permitem ligar e trocar dados com outros dispositivos e sistemas através da Internet. Isto inclui tudo, desde dispositivos domésticos inteligentes, como termóstatos e luzes, a máquinas industriais e equipamento de cuidados de saúde. O ecossistema IoT é vasto e variado, incluindo soluções de hardware e software que permitem a conetividade e a análise de dados. Estas "coisas" podem comunicar e colaborar em tempo real, fornecendo aos utilizadores informações valiosas e capacidades de automatização que anteriormente eram inimagináveis.

1.7 IMPACTO DA IOT NA VIDA QUOTIDIANA

A IoT revolucionou a vida quotidiana de várias formas:

Casas inteligentes

Um dos impactos mais visíveis da IoT é o aumento das casas inteligentes. Os sistemas de domótica permitem aos utilizadores controlar tudo, desde a iluminação e o aquecimento até aos sistemas de segurança, através de aplicações móveis ou comandos de voz. Dispositivos como altifalantes inteligentes, fechaduras inteligentes e frigoríficos inteligentes estão a tornar-se comuns, levando a uma maior comodidade, eficiência energética e segurança reforçada.

Tecnologia vestível

Os dispositivos vestíveis, como os smartwatches e os rastreadores de fitness, exemplificam a forma como a IoT penetrou na saúde pessoal. Estes aparelhos podem monitorizar sinais vitais, acompanhar a atividade física e até partilhar dados com os prestadores de cuidados de saúde, facilitando uma melhor gestão da saúde e cuidados preventivos.

Inovação agrícola

Na agricultura, a IoT está a liderar uma nova era de agricultura de precisão. Os agricultores podem utilizar dispositivos IoT para monitorizar as condições do solo, a saúde das culturas e os padrões meteorológicos, permitindo a tomada de decisões com base em dados. Isto aumenta a produtividade e, ao mesmo tempo, promove práticas sustentáveis e reduz o desperdício.

Aplicações industriais

O sector industrial adoptou a IoT pelo seu potencial para otimizar as operações. Desde a manutenção preditiva do equipamento em até à monitorização em tempo real das cadeias de fornecimento, as empresas podem tirar partido das soluções IoT para aumentar a eficiência, reduzir o tempo de inatividade e diminuir os custos operacionais. Indústrias como o fabrico, a logística e a energia estão a assistir a mudanças transformadoras, muitas vezes referidas como a quarta revolução industrial ou Indústria 4.0.

Desafios e considerações

Apesar dos incríveis benefícios da IoT, é necessário enfrentar vários desafios para maximizar o seu potencial.

Segurança

À medida que mais dispositivos ficam online, o risco de ciberataques aumenta exponencialmente. A proteção dos dispositivos IoT e dos dados que geram é fundamental. Medidas de encriptação robustas, protocolos de autenticação adequados e monitorização contínua são essenciais para mitigar os riscos e proteger a privacidade do utilizador.

Interoperabilidade

Outro desafio é a falta de normalização entre os dispositivos IoT, o que pode dificultar a interoperabilidade. Diferentes fabricantes desenvolvem frequentemente dispositivos que utilizam vários protocolos de comunicação, o que torna difícil para os utilizadores integrá-los num ecossistema inteligente coeso.

Sobrecarga de dados

A grande quantidade de dados gerados pelos dispositivos IoT apresenta oportunidades e desafios. As organizações têm de implementar estratégias eficazes de gestão de dados para garantir que podem tirar partido dos dados sem ficarem sobrecarregadas ou perderem o controlo de informações críticas.

O futuro da IoT é brilhante e cheio de potencial. À medida que a tecnologia continua a evoluir, podemos esperar avanços significativos em áreas como a inteligência artificial

(IA) e a aprendizagem automática, que irão melhorar as capacidades de análise de dados dos dispositivos IoT. A integração da tecnologia 5G também proporcionará uma conetividade mais rápida e fiável, desbloqueando novas aplicações e melhorando o desempenho dos dispositivos.

Além disso, à medida que a sustentabilidade se torna uma questão global cada vez mais premente, espera-se que a IoT desempenhe um papel crucial na resolução dos desafios ambientais. Desde as tecnologias de redes inteligentes que gerem o consumo de energia até aos sistemas de gestão de resíduos com base na IoT, a IoT pode facilitar práticas de vida mais sustentáveis.

A Internet das Coisas está a remodelar o nosso mundo de inúmeras formas, desde as nossas casas e locais de trabalho até aos campos agrícolas e fábricas que alimentam as nossas economias. À medida que avançamos, adotar esta tecnologia de forma responsável e estratégica será essencial para desbloquear todo o seu potencial, garantindo simultaneamente a segurança e o bem-estar dos indivíduos e das comunidades. Com a inovação e a colaboração contínuas entre os criadores de tecnologia, os decisores políticos e as partes interessadas, a IoT promete ser uma força fundamental para impulsionar o progresso e melhorar a qualidade de vida em todo o mundo.

Capítulo 2: IoT orientada para a IA

2.1 INTRODUÇÃO:

A convergência da Inteligência Artificial (IA) e da Internet das Coisas (IoT) está a revolucionar a forma como interagimos com a tecnologia no nosso quotidiano. Os sistemas IoT alimentados por IA utilizam grandes quantidades de dados recolhidos por dispositivos ligados para melhorar as capacidades de tomada de decisões, automatizar processos e melhorar as experiências dos utilizadores. Ao aproveitar os algoritmos de aprendizagem automática, estes sistemas podem analisar padrões de dados em tempo real, permitindo a manutenção preditiva em aplicações industriais, a automatização de casas inteligentes e até recomendações personalizadas em dispositivos de consumo. Como resultado, a sinergia entre a IA e a IoT não só aumenta a eficiência, como também permite que os utilizadores obtenham informações significativas a partir dos dados gerados pelos seus dispositivos interligados.

Além disso, o impacto da IoT alimentada por IA transcende os benefícios individuais para o consumidor, estendendo-se a indústrias inteiras. Em sectores como os cuidados de saúde, a agricultura e os transportes, a integração da IA pode otimizar a gestão de recursos e simplificar as operações. Por exemplo, os sensores agrícolas inteligentes equipados com capacidades de IA podem monitorizar as condições do solo e os padrões meteorológicos, aconselhando consequentemente os agricultores sobre as melhores estratégias de plantação e irrigação. Do mesmo modo, no sector dos cuidados de saúde, os wearables equipados com IoT e IA podem proporcionar uma monitorização da saúde em tempo real, permitindo a deteção precoce de potenciais problemas médicos e reduzindo os encargos para os sistemas de saúde.

Apesar das inúmeras vantagens, a implantação da IA na IdC também suscita importantes preocupações éticas e de segurança. As grandes quantidades de dados recolhidos pelos dispositivos IoT tornam-nos alvos atractivos para ciberataques, exigindo medidas de segurança avançadas para proteger informações sensíveis. Além disso, as implicações dos processos de decisão da IA exigem uma análise cuidadosa, nomeadamente no que respeita à privacidade, ao consentimento e à responsabilidade. À medida que continuamos a desenvolver e a implementar soluções de IoT baseadas em IA, é crucial que as partes interessadas, incluindo os criadores, os decisores políticos e os utilizadores, dialoguem sobre práticas e regulamentos responsáveis que garantam que estas tecnologias são aproveitadas para o bem coletivo da sociedade.

2.2 INTERNET DAS COISAS ALIMENTADA POR INTELIGÊNCIA ARTIFICIAL: REVOLUCIONAR A CONECTIVIDADE E A INTELIGÊNCIA

A convergência da Inteligência Artificial (IA) e da Internet das Coisas (IoT) está a transformar o panorama da conetividade digital e da automatização inteligente. À medida que milhares de milhões de dispositivos são interligados, a integração da IA nos sistemas IoT anuncia uma nova era em que as informações baseadas em dados, a tomada de decisões em tempo real e os processos de auto-otimização se tornam a norma. Este artigo explora o potencial transformador da IoT alimentada por IA, as suas aplicações, benefícios, desafios e o futuro deste duo dinâmico.

A IdC refere-se à rede de dispositivos interligados que comunicam e transmitem dados através da Internet. Estes dispositivos vão desde artigos domésticos do dia a dia, como termóstatos e frigoríficos inteligentes, a maquinaria industrial e dispositivos de cuidados de saúde. Ao recolher e trocar dados, os dispositivos IoT aumentam a automatização, melhoram a eficiência e permitem uma tomada de decisões mais inteligente.

A IA engloba algoritmos e modelos que permitem às máquinas simular uma inteligência semelhante à humana. Isto inclui capacidades como a aprendizagem, o raciocínio, a resolução de problemas e a perceção. Quando aplicada à IoT, a IA pode analisar grandes quantidades de dados gerados por dispositivos ligados, conduzindo a decisões mais informadas e a capacidades de previsão.

2.3 A SINERGIA ENTRE A IA E A IOT

A integração da IA na IoT amplifica o potencial de ambas as tecnologias. Eis como:

1. Análise de dados melhorada

Os dispositivos IoT geram vastos fluxos de dados, frequentemente designados por "big data". Os algoritmos de IA analisam estes dados em tempo real para extrair conhecimentos significativos, identificar padrões e facilitar a análise preditiva. Por exemplo, os sensores inteligentes no fabrico podem detetar anomalias nos processos de produção, permitindo intervenções atempadas e minimizando o tempo de inatividade.

2. Automação e controlo

Os sistemas IoT alimentados por IA podem automatizar tarefas repetitivas e permitir o controlo em tempo real com o mínimo de intervenção humana. Os dispositivos domésticos inteligentes podem aprender as preferências do utilizador e ajustar as definições automaticamente, enquanto a IA na IoT industrial pode otimizar os calendários de produção, reduzir o desperdício e melhorar a eficiência energética.

3. Manutenção Preditiva

Em ambientes industriais, os sensores IoT orientados para a IA podem monitorizar o estado e o desempenho do equipamento em tempo real, prevendo falhas antes de estas ocorrerem. Esta manutenção preditiva não só reduz o tempo de inatividade, como também prolonga a vida útil das máquinas e reduz os custos de manutenção.

4. Experiências de utilizador melhoradas

A IA melhora a experiência do utilizador ao tornar os dispositivos IoT mais intuitivos e responsivos. Os assistentes inteligentes, como a Alexa da Amazon ou o Assistente do Google, utilizam a IA para compreender os comandos de voz, aprender com as interações dos utilizadores e prestar assistência contínua em todos os dispositivos ligados.

5. Cidades e infra-estruturas inteligentes

A IoT com recurso à IA desempenha um papel crucial no desenvolvimento de cidades inteligentes. Os planeadores urbanos podem aproveitar os dados dos sensores ligados para otimizar o fluxo de tráfego, aumentar a segurança pública, monitorizar a qualidade do ar e melhorar o consumo de energia. Os candeeiros de rua inteligentes, por exemplo, podem ajustar a luminosidade com base na atividade dos peões, contribuindo para a poupança de energia.

2.4 APLICAÇÕES DA IOT ALIMENTADA POR INTELIGÊNCIA ARTIFICIAL

As aplicações da IoT alimentada por IA abrangem vários sectores:

- **Cuidados de saúde:** Os dispositivos portáteis monitorizam as métricas de saúde, enquanto a IA analisa os dados para fornecer informações para a medicina personalizada e a deteção precoce de doenças.

- **Agricultura:** Os sensores inteligentes recolhem dados sobre a humidade do solo e as condições meteorológicas, e os algoritmos de IA optimizam a irrigação e a gestão das culturas, aumentando o rendimento e a eficiência dos recursos.
- **Fabrico:** Os dispositivos IoT acompanham o desempenho das máquinas e a IA prevê as necessidades de manutenção, melhorando a eficiência global e reduzindo os custos.
- **Retalho:** A IA analisa os dados de comportamento do cliente a partir de dispositivos IoT, permitindo estratégias de marketing personalizadas, gestão de inventário e um melhor serviço ao cliente.

2.5 DESAFIOS E CONSIDERAÇÕES

Apesar dos benefícios promissores, a integração da IA na IoT tem os seus desafios:

1. Segurança e privacidade dos dados

A proliferação de dispositivos ligados aumenta o risco de ciberataques e violações de dados. É fundamental garantir a segurança e a privacidade dos dados recolhidos pelos dispositivos IoT.

2. Interoperabilidade

Com vários dispositivos e plataformas IoT, conseguir uma interoperabilidade perfeita pode ser um desafio. É necessário estabelecer normas para garantir que os dispositivos possam comunicar eficazmente.

3. Sobrecarga de dados

T vasta quantidade de dados gerada pelos dispositivos IoT pode sobrecarregar os sistemas tradicionais de processamento de dados. O desenvolvimento de ferramentas avançadas de gestão e análise de dados é essencial para lidar com este afluxo.

4. Considerações éticas

A utilização da IA para analisar dados pessoais levanta questões éticas relacionadas com o consentimento do utilizador, a propriedade dos dados e a parcialidade dos algoritmos de IA, que têm de ser abordadas para criar confiança entre os utilizadores.

2.6 O FUTURO DA IOT ALIMENTADA POR IA

À medida que a tecnologia continua a evoluir, espera-se que a sinergia entre a IA e a IoT se aprofunde. No futuro, é provável que se registem avanços como:

- **Computação de ponta:** Processamento de dados mais próximo do local onde são gerados, reduzindo os problemas de latência e largura de banda.
- **Sistemas autónomos:** Sistemas IoT totalmente autónomos que podem aprender e adaptar-se em tempo real sem intervenção humana.
- **Tomada de decisões com base em IA:** Capacidades de tomada de decisões melhoradas com sistemas de IA que podem responder automaticamente a dados de IoT com base em padrões previamente aprendidos.
- **Soluções de sustentabilidade:** A IoT alimentada por IA pode contribuir significativamente para reduzir a pegada de carbono através de uma gestão mais inteligente da energia e da afetação de recursos.

A integração da IA e da IoT representa uma mudança fundamental na forma como interagimos com a tecnologia e o mundo à nossa volta. Ao aproveitar o poder de ambas, as indústrias podem aumentar a eficiência, melhorar as experiências dos utilizadores e enfrentar desafios complexos de formas inovadoras. À medida que a tecnologia progride, a colaboração entre a IA e a IoT irá desbloquear novas possibilidades, tornando os nossos ambientes mais inteligentes, mais reactivos e, em última análise, mais sustentáveis. Abraçar esta revolução não é apenas uma opção; é essencial para preparar o nosso cenário digital para o futuro.

Capítulo 3: IoT baseada em IA na tomada de decisões

3.1 INTRODUÇÃO:

A integração da Inteligência Artificial (IA) com a Internet das Coisas (IoT) está a revolucionar os processos de tomada de decisões em vários sectores. Os sistemas IoT alimentados por IA permitem a recolha e análise de dados em tempo real a partir de dispositivos interligados, conduzindo a decisões mais informadas e atempadas. Por exemplo, nas cidades inteligentes, os algoritmos de IA processam dados de sensores de tráfego, câmaras de vigilância e monitores ambientais para otimizar o fluxo de tráfego, aumentar a segurança pública e melhorar as condições ambientais. Ao aproveitar as vastas quantidades de dados gerados pelos dispositivos IoT, as organizações podem identificar padrões, prever resultados e automatizar respostas, conduzindo a uma maior eficiência operacional e gestão de recursos.

No domínio da agricultura, a IA e a IoT trabalham em conjunto para facilitar a agricultura de precisão. Os sensores instalados nos campos recolhem dados sobre a humidade do solo, a temperatura e a saúde das culturas, enquanto a análise de IA fornece informações acionáveis aos agricultores. Esta sinergia permite que os agricultores tomem decisões baseadas em dados sobre irrigação, fertilização e controlo de pragas, aumentando, em última análise, o rendimento e a sustentabilidade das culturas. Além disso, a IA melhora a manutenção preditiva para aplicações industriais de IoT, analisando os dados de desempenho do equipamento. Ao prever quando é provável que as máquinas falhem, as empresas podem programar a manutenção de forma proactiva, reduzindo o tempo de inatividade e poupando custos.

Além disso, os sistemas IoT alimentados por IA são fundamentais para melhorar as experiências dos consumidores. Os dispositivos domésticos inteligentes, por exemplo, utilizam a IA para aprender as preferências e os comportamentos dos utilizadores, permitindo-lhes tomar decisões autónomas que melhoram o conforto e a conveniência. Desde o ajuste dos termóstatos à otimização da utilização de energia, estes sistemas não só aumentam a satisfação do utilizador, como também contribuem para os objectivos de eficiência energética e sustentabilidade. À medida que o panorama da IA e da IoT continua a evoluir, o potencial para aplicações inovadoras e quadros de tomada de decisão melhorados só se expandirá, impulsionando avanços em todos os sectores e transformando a forma como interagimos com o mundo à nossa volta. Esta abordagem KSK é sugerida pelo Dr. Kutubuddin S Kazi, que é autor de muitos artigos sobre a tomada de decisões baseada na AIIoT. KSK é parecido com o nome do autor.

3.2 INTERNET DAS COISAS ALIMENTADA POR INTELIGÊNCIA ARTIFICIAL: REVOLUCIONAR A TOMADA DE DECISÕES

Esta abordagem KSK é sugerida pelo Dr. Kutubuddin S Kazi, que é autor de muitos artigos sobre a tomada de decisões baseada na AIIoT. KSK é parecido com o nome do autor. À medida que o mundo se torna cada vez mais interligado, a convergência da Inteligência Artificial (IA) e da Internet das Coisas (IoT) está a forjar uma nova era de capacidades de tomada de decisões em vários sectores. As soluções IoT baseadas em IA trazem inteligência e automação em tempo real aos dispositivos, permitindo que as organizações tomem decisões informadas de forma mais rápida e eficiente. Este artigo analisa a forma como a IoT baseada em IA está a transformar os processos de tomada de decisão, os benefícios que traz e os desafios que coloca.

A Internet das Coisas refere-se a uma rede de dispositivos interligados que podem comunicar e trocar dados através da Internet. Estes dispositivos podem ir desde electrodomésticos a maquinaria industrial, todos equipados com sensores que recolhem dados sobre o seu funcionamento e o meio envolvente. Por outro lado, a IA engloba algoritmos de aprendizagem automática e análise de dados que permitem aos sistemas analisar grandes conjuntos de dados, reconhecer padrões e fazer previsões ou recomendações. Quando integrada, a IA aproveita a vasta quantidade de dados gerados pelos dispositivos IoT, permitindo que as organizações obtenham conhecimentos acionáveis que anteriormente eram inatingíveis. Esta integração não só melhora o processo de tomada de decisões, como também permite a automatização e uma maior eficiência.

Transformar os processos de tomada de decisão

1. Informações em tempo real

Os sistemas IoT alimentados por IA podem analisar instantaneamente dados em fluxo contínuo, fornecendo às organizações informações em tempo real. Por exemplo, no fabrico inteligente, os algoritmos de IA podem monitorizar o desempenho das máquinas e prever potenciais falhas antes de estas ocorrerem, permitindo decisões de manutenção proactivas. Esta mudança da tomada de decisões reactiva para proactiva é crucial para minimizar o tempo de inatividade e reduzir os custos operacionais.

2. Análise preditiva melhorada

Através de modelos de aprendizagem automática, a IA pode identificar tendências e prever resultados futuros com base em dados históricos e em tempo real. Por exemplo, no sector dos cuidados de saúde, os dispositivos IoT podem recolher continuamente dados sobre os doentes. A IA pode analisar estes dados para prever surtos de doenças ou a deterioração dos doentes, permitindo aos profissionais de saúde tomar decisões atempadas e informadas sobre intervenções e afetação de recursos.

3. Automatização das decisões

Os algoritmos de IA podem automatizar os processos de decisão de rotina, permitindo que os operadores humanos se concentrem em tarefas mais estratégicas. Nas casas inteligentes, por exemplo, a IA pode ajustar os sistemas de iluminação, aquecimento e segurança com base nos padrões de comportamento e nas preferências do utilizador. Ao aprender com as interações dos utilizadores, a IA pode criar uma experiência de vida mais personalizada, reduzindo simultaneamente o consumo de energia.

4. Gestão optimizada de recursos

No sector do ambiente, a IoT alimentada por IA pode facilitar uma melhor gestão dos recursos naturais. A tecnologia de redes inteligentes utiliza dados em tempo real para otimizar a distribuição e o consumo de energia. A IA pode prever a procura de energia e sugerir ajustes para equilibrar a oferta, conduzindo a padrões de consumo de energia mais sustentáveis.

5. Melhoria da eficiência da cadeia de fornecimento

Na logística e na gestão da cadeia de abastecimento, a IA melhora a tomada de decisões através da previsão da procura, da otimização das rotas e da gestão do inventário. Os sensores IoT dão visibilidade à cadeia de abastecimento, acompanhando as expedições e os níveis de inventário. Os algoritmos de IA analisam estes dados para fazer recomendações que melhoram os tempos de entrega e reduzem os custos.

3.3 BENEFÍCIOS DA TOMADA DE DECISÕES IOT BASEADA EM INTELIGÊNCIA ARTIFICIAL

- **Aumento da eficiência**: A IA aumenta a eficiência operacional através da automatização de tarefas quotidianas e da simplificação de processos.
- **Redução de custos**: Ao melhorar a qualidade das decisões e a gestão dos recursos, as organizações podem reduzir significativamente os custos operacionais.
- **Segurança melhorada**: A monitorização em tempo real possibilitada pela IoT, juntamente com as capacidades preditivas da IA, pode aumentar a segurança em ambientes como fábricas e estaleiros de construção.

Maior agilidade: As organizações podem responder mais rapidamente às mudanças do mercado, às necessidades dos clientes ou a factores ambientais, permitindo uma maior adaptabilidade num panorama empresarial dinâmico.

3.4 DESAFIOS NA IMPLEMENTAÇÃO

Embora os benefícios sejam substanciais, a integração da IA e da IoT não está isenta de desafios:

1. **Segurança e privacidade dos dados**: À medida que mais dispositivos são ligados, o risco de ciberataques aumenta. É fundamental garantir a segurança dos dados sensíveis.
2. **Interoperabilidade**: As diferentes organizações e dispositivos utilizam frequentemente normas e protocolos IoT diferentes, o que torna a integração perfeita um desafio.
3. **Custos de infraestrutura**: O desenvolvimento da infraestrutura necessária para suportar soluções IoT baseadas em IA pode exigir recursos intensivos, requerendo investimentos em hardware e software.
4. **Lacuna de competências**: Há uma escassez de profissionais qualificados que possam gerir e analisar os dados gerados pelos dispositivos IoT e utilizar a IA de

forma eficaz.

A IoT alimentada por IA está preparada para revolucionar a tomada de decisões em vários sectores, fornecendo informações em tempo real, melhorando a análise preditiva e automatizando processos. Embora os benefícios sejam significativos, as organizações têm de enfrentar os desafios da segurança, da interoperabilidade e dos custos das infra-estruturas para aproveitarem plenamente o potencial destas tecnologias. À medida que avançamos, a sinergia entre a IA e a IoT continuará a moldar um futuro mais inteligente e eficiente, permitindo, em última análise, que as organizações tomem melhores decisões mais rapidamente e com maior confiança.

3.5 O PAPEL DA INTERNET DAS COISAS ALIMENTADA POR INTELIGÊNCIA ARTIFICIAL NO PROCESSO DE TOMADA DE DECISÕES

Num mundo cada vez mais conectado, a convergência da inteligência artificial (IA) e da Internet das Coisas (IoT) está a transformar a forma como as organizações tomam decisões. Esta fusão cria sistemas que não só recolhem e analisam dados, como também aprendem com eles, conduzindo a escolhas mais informadas e estratégicas. Compreender o papel da IoT alimentada por IA no processo de tomada de decisões é crucial para as empresas que pretendem manter-se competitivas e eficientes.

1. Compreender a IA e a IoT

Antes de nos debruçarmos sobre a sua sinergia, é essencial compreender o que são a IA e a IoT.

- **A Inteligência Artificial** refere-se à simulação da inteligência humana em máquinas programadas para pensar como os humanos e imitar as suas acções. Os sistemas de IA podem processar grandes quantidades de dados, identificar padrões e fazer previsões, permitindo assim a tomada de decisões automatizada.
- **A Internet das Coisas** é uma rede de dispositivos físicos incorporados com sensores, software e outras tecnologias concebidas para ligar e trocar dados com outros dispositivos através da Internet. Estes dispositivos podem recolher dados

em tempo real do seu ambiente, fornecendo às organizações informações valiosas.

Quando estas duas tecnologias trabalham em conjunto, formam um ecossistema que pode melhorar significativamente os processos de tomada de decisão em vários sectores.

2. Melhoria da recolha e análise de dados

Uma das principais vantagens da IoT alimentada por IA é a capacidade de recolher e analisar dados em grande escala. Os dispositivos IoT recolhem continuamente dados de várias fontes, incluindo sensores ambientais, dispositivos de consumo, máquinas e até veículos. Os algoritmos de IA analisam então estes dados em tempo real, identificando tendências e gerando conhecimentos que seriam impossíveis de discernir apenas pelos humanos.

Por exemplo, na indústria transformadora, os sensores IoT podem monitorizar o desempenho das máquinas, captando dados sobre a eficiência operacional, a utilização de energia e o desgaste. A IA pode analisar estes dados para prever quando é provável que uma máquina falhe, permitindo uma manutenção proactiva e uma melhor atribuição de recursos. Esta abordagem não só minimiza o tempo de inatividade, como também optimiza todo o processo de produção, conduzindo a uma tomada de decisões mais informada.

3. Análise preditiva

A IoT alimentada por IA destaca-se na análise preditiva, que é fundamental para a tomada de decisões estratégicas. Ao utilizar dados históricos e em tempo real, a IA pode prever tendências e comportamentos futuros. Por exemplo, no sector do retalho, os dispositivos IoT, como as prateleiras inteligentes, podem monitorizar os níveis de inventário e as interações com os clientes. Os algoritmos de IA podem analisar estes dados para prever o comportamento de compra dos clientes, permitindo aos retalhistas ajustar os seus níveis de stock e estratégias de marketing em conformidade.

A análise preditiva alimentada pela IA e pela IoT pode resultar em poupanças de custos significativas, numa maior satisfação do cliente e num aumento das receitas, factores que são essenciais para uma tomada de decisões eficaz.

4. Tomada de decisões em tempo real

A velocidade é um fator crítico no panorama empresarial moderno. Os dispositivos IoT alimentados por IA fornecem às organizações dados em tempo real, permitindo uma tomada de decisões mais rápida. Por exemplo, no sector da logística, os sistemas de rastreio com IoT podem monitorizar a localização e o estado das expedições. A IA pode analisar estes dados em tempo real para otimizar as rotas de entrega, gerir as operações de armazém e melhorar a eficiência da cadeia de fornecimento.

Este acesso instantâneo à informação pode ser particularmente valioso em sectores como o dos cuidados de saúde, onde as decisões sensíveis ao tempo podem ter um impacto significativo nos resultados dos doentes. Os dispositivos médicos ligados através da IoT podem monitorizar os sinais vitais dos doentes e alertar os prestadores de cuidados de saúde para quaisquer alterações significativas, permitindo uma resposta rápida e melhores cuidados.

5. Personalização e percepções do cliente

A IoT alimentada por IA também pode melhorar a tomada de decisões relativamente ao envolvimento do cliente. Num mundo em que a personalização é fundamental para a satisfação do cliente, as empresas podem aproveitar os dados em tempo real recolhidos a partir de dispositivos IoT para personalizar as suas ofertas. Por exemplo, os wearables que acompanham as métricas de saúde individuais podem fornecer informações valiosas sobre o comportamento e as preferências do utilizador.

As organizações podem utilizar estas informações para adaptar os seus produtos, serviços e campanhas de marketing, conduzindo a uma maior fidelização dos clientes e a uma melhor tomada de decisões relativamente ao desenvolvimento de produtos e estratégias de mercado.

6. Gestão do risco e conformidade

A gestão do risco é outra área crítica em que a IoT alimentada por IA desempenha um papel vital. Ao monitorizar constantemente sistemas e ambientes, os dispositivos IoT podem fornecer alertas precoces para potenciais riscos ou problemas de não conformidade. Os algoritmos de IA podem analisar estes dados para sugerir medidas preventivas, ajudando as organizações a mitigar os riscos antes que estes se agravem.

Em sectores como o financeiro, a IoT alimentada por IA pode ajudar na conformidade regulamentar, monitorizando continuamente as transacções e outras actividades. Esta capacidade garante que as empresas mantêm os padrões necessários, reduzindo a probabilidade de sanções legais e promovendo uma cultura de responsabilidade.

A integração da IA e da IoT está a revolucionar os processos de tomada de decisão em vários sectores. Ao fornecerem uma recolha e análise de dados melhoradas, análises preditivas, informações em tempo real, experiências personalizadas dos clientes e uma melhor gestão de riscos, os sistemas IoT alimentados por IA estão a capacitar as organizações para tomarem decisões estratégicas mais informadas. À medida que estas tecnologias continuam a evoluir, abraçar o seu potencial será essencial para as empresas que se esforçam por prosperar num cenário cada vez mais competitivo. As organizações que aproveitam as vantagens da IA e da IoT não só melhoram a sua eficiência operacional, como também se posicionam como líderes em inovação e centradas no cliente.

Capítulo 4: AIIoT em sistemas automatizados

4.1 INTRODUÇÃO:

Os sistemas automatizados revolucionaram vários aspectos das indústrias e da vida quotidiana, melhorando a eficiência, a precisão e a produtividade. Estes sistemas utilizam tecnologias avançadas como a inteligência artificial, a aprendizagem automática, a robótica e a análise de dados para executar tarefas tradicionalmente efectuadas por humanos. Desde linhas de montagem de fabrico que utilizam braços robóticos para realizar tarefas repetitivas até chatbots automatizados de atendimento ao cliente que fornecem respostas instantâneas, a aplicação da automatização abrange uma vasta gama de domínios. Esta integração não só reduz o erro humano, como também permite que as empresas funcionem 24 horas por dia, melhorando significativamente a produção e a resiliência operacional.

Além disso, a implementação de sistemas automatizados conduz a poupanças de custos significativas a longo prazo. Ao assumirem tarefas rotineiras e mundanas, as empresas podem afetar recursos humanos a funções mais estratégicas que exigem a resolução criativa de problemas e pensamento crítico. Por exemplo, no sector da saúde, os sistemas automatizados ajudam a gerir os registos dos doentes, a marcar consultas e a coordenar os cuidados, permitindo assim que os profissionais de saúde se concentrem mais na interação e no tratamento dos doentes do que nas tarefas administrativas. À medida que as organizações adoptam cada vez mais a automatização, podem também aumentar a sua agilidade, adaptando-se rapidamente às exigências do mercado e aos avanços tecnológicos.

No entanto, o aumento dos sistemas automatizados não está isento de desafios. As preocupações relativas à deslocação de postos de trabalho e à necessidade de uma mão de obra qualificada para operar e manter estas tecnologias estão na vanguarda dos debates sobre o impacto da automatização na sociedade. Além disso, as questões relacionadas com a cibersegurança, a privacidade dos dados e as implicações éticas de depender de decisões baseadas em IA requerem uma análise cuidadosa. Equilibrar os benefícios da automação com estes desafios é crucial para garantir que a transição para processos mais automatizados seja inclusiva e sustentável. À medida que a tecnologia continua a evoluir, o diálogo em torno dos sistemas automatizados deve adotar uma abordagem holística, garantindo que a inovação contribui positivamente para a força de trabalho e para a sociedade como um todo.

A integração da Inteligência Artificial e da Internet das Coisas (AIIoT) em sistemas automatizados está a revolucionar as indústrias ao melhorar a eficiência, a precisão e a tomada de decisões. A AIIoT aproveita a conetividade dos dispositivos IoT com algoritmos avançados de IA para recolher, analisar e interpretar grandes quantidades de dados em tempo real. Esta sinergia permite a automatização de processos complexos, transformando os sistemas tradicionais em soluções inteligentes e adaptáveis. Por exemplo, na indústria transformadora, a AIIoT pode otimizar as linhas de produção, prevendo falhas no equipamento, ajustando as operações em tempo real e assegurando o controlo da qualidade através de informações baseadas em dados.

Nas casas inteligentes, a AIIoT permite sistemas de automação inteligentes que aprendem as preferências e os comportamentos dos utilizadores, permitindo um maior conforto e eficiência energética. Os dispositivos comunicam sem problemas, ajustando o aquecimento, a iluminação e as medidas de segurança com base no conhecimento contextual e na análise preditiva. Além disso, em sectores como os cuidados de saúde, a AIIoT facilita a monitorização e a gestão remota dos doentes, permitindo intervenções proactivas e melhores resultados globais de saúde.

À medida que as indústrias adoptam cada vez mais as tecnologias AIIoT, estas não só simplificam as operações, como também impulsionam a inovação e a sustentabilidade. A capacidade de recolher e analisar dados para obter informações acionáveis conduz a uma tomada de decisões mais informada, reduzindo o desperdício e optimizando a utilização de recursos. No entanto, o aumento da AIIoT em sistemas automatizados também apresenta desafios, especialmente no que diz respeito à segurança e privacidade dos dados. É imperativo que as organizações estabeleçam estruturas robustas para proteger informações confidenciais, aproveitando todo o potencial da AIIoT. Em termos gerais, o impacto transformador da AIIoT em sistemas automatizados anuncia uma nova era de excelência operacional e estruturas inteligentes que estão definidas para redefinir a forma como interagimos com a tecnologia. Esta abordagem

KSK é sugerida pelo Dr. Kutubuddin S Kazi, que é autor de muitos artigos sobre a tomada de decisões baseada na AIIoT. KSK é parecido com o nome do autor.

4.2 A ASCENSÃO DOS SISTEMAS AUTOMATIZADOS: TRANSFORMANDO AS INDÚSTRIAS E A VIDA QUOTIDIANA

Na era digital em rápido avanço, os sistemas automatizados surgiram como uma pedra angular da eficiência e produtividade modernas. Estes sistemas, alimentados por inovações na inteligência artificial (IA), na aprendizagem automática (ML), na robótica e nos algoritmos informáticos, estão a remodelar a forma como as indústrias funcionam e como os indivíduos realizam as tarefas diárias. Este artigo explora a importância dos sistemas automatizados, as suas aplicações em vários sectores e as implicações que têm no futuro do trabalho e da sociedade.

Os sistemas automatizados referem-se a tecnologias que executam tarefas com um mínimo de intervenção humana. São concebidos para melhorar a eficiência, aumentar a precisão e reduzir os erros através da utilização de algoritmos, sensores e capacidades de processamento de dados. Desde processos simples, como a introdução de dados e a programação, até operações complexas, como a condução e o fabrico autónomos, os sistemas automatizados podem simplificar significativamente os processos empresariais.

Principais componentes dos sistemas automatizados

1. **Sensores e actuadores**: Estes dispositivos permitem que os sistemas automatizados interajam com o seu ambiente, recolhendo dados para análise e executando acções com base nesses dados.
2. **Inteligência artificial e aprendizagem automática**: Os algoritmos de IA permitem que os sistemas aprendam com os dados, tomem decisões e se adaptem ao longo do tempo, melhorando o desempenho sem necessidade de supervisão humana constante.
3. **Software e algoritmos**: Estes quadros ditam a forma como os dados são processados e como as tarefas são automatizadas, utilizando frequentemente a

análise preditiva para melhorar a tomada de decisões.

4. **Interfaces de utilizador**: Os sistemas automatizados incluem frequentemente interfaces que permitem aos utilizadores interagir com o sistema, configurar definições e monitorizar resultados.

4.3 APLICAÇÕES DO SISTEMA DE AUTOMAÇÃO EM TODOS OS SECTORES

Os sistemas automatizados infiltraram-se em praticamente todos os sectores, aumentando a capacidade e impulsionando a inovação. Eis alguns sectores proeminentes onde a automatização está a ter um impacto significativo:

Fabrico

A indústria transformadora tem estado na vanguarda da automatização há décadas. Os sistemas automatizados, como os braços robóticos nas linhas de montagem, ajudam a aumentar as taxas de produção e minimizam os custos de mão de obra, assegurando simultaneamente a precisão em tarefas como a soldadura, a pintura e a montagem.

Cuidados de saúde

Nos cuidados de saúde, os sistemas automatizados estão a revolucionar os cuidados aos doentes. Desde instrumentos cirúrgicos robóticos que permitem procedimentos minimamente invasivos a ferramentas de diagnóstico baseadas em IA que ajudam os médicos a tomar decisões informadas, a automatização está a melhorar a qualidade dos cuidados e a eficiência operacional nos hospitais.

Finanças

No sector financeiro, os sistemas de negociação automatizados e os robo-consultores analisam os dados do mercado e executam transacções a velocidades incríveis, optimizando as estratégias de investimento com o mínimo de intervenção humana. Além disso, estes sistemas simplificam os processos de subscrição, utilizando algoritmos para avaliar o risco em tempo real.

Transporte

A indústria dos transportes está a assistir a uma mudança transformadora com o desenvolvimento de veículos autónomos. As empresas estão a investir fortemente em tecnologias de condução autónoma que prometem melhorar a segurança, reduzir o congestionamento do tráfego e fornecer soluções de mobilidade para aqueles que não podem conduzir.

Serviço ao cliente

O serviço automatizado de apoio ao cliente tornou-se omnipresente com o advento dos chatbots e dos assistentes virtuais. Estes sistemas podem tratar de pedidos de informação, agendar marcações e até resolver problemas, fornecendo respostas rápidas e libertando os agentes humanos para interações mais complexas.

4.4 VANTAGENS DA AUTOMATIZAÇÃO

A implementação de sistemas automatizados apresenta inúmeras vantagens:

- **Aumento da eficiência**: A automatização reduz o tempo gasto em tarefas repetitivas, levando a uma maior rapidez na execução dos projectos e a uma melhor afetação de recursos.
- **Poupança de custos**: Com a redução dos custos de mão de obra e a gestão optimizada dos recursos, as empresas podem obter poupanças significativas, permitindo o reinvestimento e o crescimento.
- **Maior precisão**: Os sistemas automatizados superam frequentemente os humanos em tarefas que requerem precisão, devido à sua capacidade de minimizar os erros causados por fadiga ou descuido.
- **Escalabilidade**: Os sistemas automatizados permitem que as organizações escalem as operações de forma rápida e eficiente, adaptando-se às novas exigências sem a necessidade de aumentos proporcionais no tamanho da força de trabalho.

4.5 DESAFIOS, CONSIDERAÇÕES E FUTURO

Apesar dos seus inúmeros benefícios, o aumento dos sistemas automatizados também apresenta desafios.

- **Deslocação de postos de trabalho**: A automatização pode levar à deslocação do emprego de trabalhadores em tarefas que podem ser facilmente automatizadas, levantando preocupações sobre a desigualdade económica e a necessidade de reconversão da mão de obra.

- **Dependência da tecnologia**: As empresas podem tornar-se demasiado dependentes de sistemas automatizados, o que pode comprometer a capacidade de decisão e a criatividade humanas.
- **Riscos de cibersegurança**: À medida que os sistemas automatizados se tornam parte integrante das operações, torna-se fundamental garantir a sua segurança contra as ameaças cibernéticas.
- **Preocupações éticas**: As questões relacionadas com a privacidade dos dados, o enviesamento algorítmico e a utilização ética da IA levantam questões importantes que exigem uma análise cuidadosa.

O futuro dos sistemas automatizados

À medida que a tecnologia progride, as capacidades e aplicações dos sistemas automatizados irão, sem dúvida, expandir-se. O futuro reserva provavelmente uma maior integração da IA e do ML nos processos quotidianos, criando sistemas mais inteligentes que se podem adaptar a ambientes em mudança e às necessidades dos utilizadores.

Para prosperar neste cenário em evolução, as empresas e os funcionários devem adotar a aprendizagem contínua e a adaptabilidade. À medida que os sistemas automatizados redefinem o local de trabalho, será essencial promover a colaboração entre humanos e máquinas.

O aumento dos sistemas automatizados marca uma mudança fundamental na forma como vivemos e trabalhamos. Embora persistam desafios, o potencial de inovação e progresso é imenso. À medida que navegamos nesta nova era, compreender as implicações da automatização será fundamental para aproveitar o seu poder de forma responsável e eficaz, garantindo um futuro que beneficie tanto as indústrias como os indivíduos.

4.6 A ASCENSÃO DA AIIOT NOS SISTEMAS AUTOMATIZADOS: TRANSFORMANDO AS INDÚSTRIAS PARA O FUTURO

À medida que as indústrias continuam a evoluir face aos rápidos avanços tecnológicos, o conceito de Internet Industrial das Coisas (IIoT) surgiu como um fator-chave na redefinição das eficiências operacionais. Juntamente com a Inteligência Artificial (IA), a convergência destas tecnologias - conhecidas coletivamente como AIIoT (Inteligência Artificial na Internet Industrial das Coisas) - está a transformar os sistemas automatizados em vários sectores. Este artigo explora o impacto da AIIoT nos sistemas automatizados, as suas aplicações, benefícios e os desafios que se avizinham.

A AIIoT combina as capacidades da IA e da IIoT para criar sistemas inteligentes que podem recolher, analisar e atuar sobre grandes quantidades de dados gerados em ambientes industriais. Ao contrário dos sistemas automatizados tradicionais, que muitas vezes dependem de parâmetros pré-definidos e do controlo humano direto, os sistemas com AIIoT podem aprender, adaptar-se e tomar decisões em tempo real com base na análise de dados e em algoritmos de aprendizagem automática.

Componentes-chave da AIIoT para sistemas automatizados:

1. **Sensores e dispositivos**: Estes são os blocos de construção da IIoT, fornecendo os dados necessários sobre o estado da máquina, as condições operacionais e os factores ambientais.
2. **Conectividade**: Vários protocolos e concepções de rede permitem a partilha de dados entre dispositivos e sistemas centralizados, assegurando uma comunicação sem falhas.
3. **Análise de dados**: Os algoritmos de IA processam e analisam dados para extrair informações acionáveis, permitindo a manutenção preditiva, a deteção de anomalias e a tomada de decisões melhoradas.
4. **Automatização**: A capacidade de ajustar automaticamente as operações em tempo real com base em informações baseadas em dados conduz a uma maior eficiência e a uma redução do tempo de inatividade.

4.7 APLICAÇÕES DA AIIOT EM SISTEMAS AUTOMATIZADOS

1. Manutenção Preditiva

Uma das aplicações mais promissoras da AIIoT é a manutenção preditiva. Ao monitorizar continuamente o desempenho e a saúde do equipamento através de sensores, os sistemas de IA podem prever quando é provável que uma máquina falhe. Esta capacidade permite que as organizações realizem actividades de manutenção de forma proactiva, minimizando o tempo de inatividade inesperado e reduzindo os custos operacionais.

2. Otimização da cadeia de fornecimento

A AIIoT facilita a gestão avançada da cadeia de abastecimento através da análise de dados de várias fontes, incluindo o desempenho dos fornecedores, a logística e os níveis de inventário. Os sistemas de automação equipados com AIIoT podem fazer ajustes em tempo real para otimizar a atribuição de recursos, reduzir o desperdício e aumentar a velocidade de entrega, levando a uma maior satisfação do cliente.

3. Gestão da energia

As indústrias estão a centrar-se cada vez mais na sustentabilidade, e a AIIoT oferece ferramentas para uma gestão eficiente da energia. Os sistemas automatizados podem analisar os padrões de consumo de energia e identificar oportunidades de poupança. Esta capacidade é especialmente significativa nas instalações de fabrico, onde os custos energéticos constituem uma parte substancial das despesas operacionais.

4. Controlo de qualidade

O reconhecimento de imagem e a análise de dados com base em IA permitem que os sistemas automatizados realizem um controlo de qualidade em tempo real durante os processos de produção. Esta abordagem reduz significativamente os defeitos e o retrabalho, melhorando a qualidade do produto e o valor para o cliente.

5. Segurança dos trabalhadores

A AIIoT melhora a segurança no trabalho através da análise de dados ambientais em tempo real. Os sistemas automatizados podem detetar condições perigosas, alertar os trabalhadores e implementar protocolos de segurança para mitigar os riscos, criando um ambiente de trabalho mais seguro.

4.8 BENEFÍCIOS DA AIIOT EM SISTEMAS AUTOMATIZADOS E DESAFIOS:

Benefícios:

1. **Eficiência aprimorada**: A AIIoT optimiza as operações através da automatização

de processos complexos, conduzindo a uma maior produtividade e eficiência.

2. **Percepções em tempo real**: A capacidade de recolher e analisar dados em tempo real permite às organizações tomar decisões mais bem informadas, melhorando os resultados operacionais globais.
3. **Redução de custos**: A manutenção preditiva e a gestão optimizada de recursos reduzem significativamente os custos operacionais, proporcionando uma vantagem competitiva.
4. **Melhoria da experiência do cliente**: A cadeia de abastecimento e os processos de produção melhorados conduzem a uma melhor qualidade do produto e a prazos de entrega mais rápidos, aumentando a satisfação do cliente.
5. **Sustentabilidade**: A AIIoT apoia iniciativas de sustentabilidade através da otimização da utilização de recursos e da redução do consumo de energia.

Desafios futuros

Apesar das suas vantagens, a implementação da AIIoT em sistemas automatizados também apresenta vários desafios:

1. **Segurança dos dados**: A integração de numerosos dispositivos e sistemas aumenta a vulnerabilidade a ciberataques, exigindo medidas de segurança robustas.
2. **Interoperabilidade**: Garantir a compatibilidade entre diferentes dispositivos e sistemas de vários fabricantes pode ser complexo.
3. **Lacuna de competências**: A adoção da AIIoT requer conhecimentos especializados em ciência de dados e IA, o que leva a uma procura de trabalhadores qualificados que podem não estar prontamente disponíveis.
4. **Custos de investimento**: Os custos iniciais de implementação de tecnologias avançadas podem ser elevados, dissuadindo algumas organizações de investir em soluções AIIoT.

A integração da AIIoT em sistemas automatizados marca um salto significativo na inovação industrial. Ao aproveitar o poder da IA e a conetividade da IIoT, as organizações podem alcançar eficiências sem precedentes, aumentar a produtividade e impulsionar a tomada de decisões inteligentes. À medida que as indústrias enfrentam os desafios associados à AIIoT, o potencial para operações melhoradas e um futuro sustentável continua a ser vasto. Abraçar a AIIoT não é apenas uma opção; está a tornar-se uma necessidade crítica para as organizações que pretendem prosperar no panorama competitivo do século XXI.

Capítulo 5: Tomada de decisões com base na AIIoT (abordagem KSK) em aplicações agrícolas

5.1 INTRODUÇÃO:

A tomada de decisões no domínio agrícola é um processo complexo influenciado por uma série de factores, incluindo as condições económicas, os impactos ambientais, os avanços tecnológicos e a dinâmica social. Os agricultores e os gestores agrícolas têm frequentemente de fazer escolhas que não só afectam os resultados imediatos da sua produção, mas também têm implicações a longo prazo para a sustentabilidade e a gestão dos recursos. Por exemplo, a decisão de adotar uma nova variedade de cultura exige que se tenha em conta a procura do mercado, os potenciais benefícios em termos de rendimento, a resistência a pragas e a adaptabilidade às condições climáticas locais. A crescente disponibilidade de tecnologias de análise de dados e de agricultura de precisão está a ajudar os produtores a tomar decisões mais informadas, permitindo-lhes otimizar os factores de produção e aumentar a eficiência.

Além disso, a tomada de decisões na agricultura não é apenas um esforço solitário; envolve a colaboração de várias partes interessadas, incluindo agrónomos, fornecedores e agências governamentais. As políticas e os regulamentos, como os relacionados com a utilização da água e a conservação dos solos, desempenham um papel crucial na definição das opções disponíveis para os agricultores. A compreensão do panorama regulamentar e o envolvimento com os decisores políticos podem melhorar significativamente o processo de tomada de decisões. Além disso, factores sociais como as normas comunitárias e as redes de agricultores podem influenciar as escolhas, desde a seleção das culturas até à adoção de práticas sustentáveis. Por conseguinte, uma abordagem holística que incorpore considerações económicas, ambientais e sociais é essencial para uma tomada de decisões eficaz na agricultura. medida que os desafios globais, como as alterações climáticas e a segurança alimentar, se tornam cada vez mais prementes, a importância da tomada de decisões estratégicas na agricultura aumenta. Os agricultores têm a tarefa não só de maximizar a produtividade, mas também de garantir que as suas práticas contribuem para o equilíbrio ecológico e a equidade social. Isto requer soluções inovadoras e estratégias de gestão adaptativa que possam evoluir em resposta a condições variáveis. Ao aproveitar o poder da tecnologia, alavancar o conhecimento da comunidade e avaliar os impactos mais amplos das suas escolhas, os produtores agrícolas podem melhorar os seus quadros de tomada de decisões. Em última análise, a tomada de decisões eficazes no sector agrícola é fundamental para a construção de sistemas alimentares resilientes capazes de satisfazer as exigências de uma população global em crescimento, preservando simultaneamente os recursos vitais do planeta.

A tomada de decisões baseada na AIIoT tem o potencial de revolucionar a agricultura, fornecendo informações em tempo real, promovendo a agricultura de precisão e melhorando a gestão dos recursos. À medida que o mundo enfrenta os desafios colocados pelas alterações climáticas, o crescimento da população e a segurança alimentar, a necessidade de integração tecnológica na agricultura nunca foi tão crítica. Ao aproveitar o poder da AIIoT, os agricultores estão equipados não só para enfrentar estes desafios, mas também para prosperar numa paisagem agrícola cada vez mais complexa. Esta abordagem KSK é sugerida pelo Dr. Kutubuddin S Kazi, que é autor de muitos artigos sobre a tomada de decisões baseada na AIIoT. KSK é parecido com o nome do autor.

5.2 TOMADA DE DECISÕES NO SECTOR AGRÍCOLA: ENFRENTAR OS DESAFIOS PARA UM CRESCIMENTO SUSTENTÁVEL

O sector agrícola é a espinha dorsal da economia global, fornecendo alimentos, matérias-primas e emprego a milhares de milhões de pessoas. À medida que o mundo enfrenta uma procura crescente de alimentos devido ao crescimento da população, às alterações climáticas e à urbanização, a importância de uma tomada de decisão eficaz na agricultura nunca foi tão crítica. Os agricultores e os intervenientes agrícolas têm de enfrentar desafios complexos, optimizando simultaneamente a produção, a sustentabilidade e a rentabilidade. Este artigo analisa os principais factores que influenciam a tomada de decisões na agricultura e destaca estratégias para melhorar os resultados.

A tomada de decisões na agricultura envolve uma série de actividades, desde o planeamento e a orçamentação até à atribuição de recursos e à gestão de riscos. Engloba diversos aspectos, incluindo a seleção de culturas, a gestão de pragas, a saúde do solo e as estratégias de mercado. Eis alguns elementos cruciais que afectam a tomada de decisões no domínio agrícola:

1. **Informações baseadas em dados**: A agricultura moderna depende cada vez mais da análise de dados e da agricultura de precisão. A utilização de tecnologias como os Sistemas de Informação Geográfica (SIG), imagens de satélite e sensores permite aos agricultores monitorizar as condições do campo, analisar a saúde do solo e prever os resultados da produção. O acesso a dados exactos ajuda a fazer escolhas informadas, a reduzir os riscos e a aumentar a produtividade.
2. **Factores económicos**: As condições económicas, incluindo os preços dos produtos de base, os custos dos factores de produção e as políticas governamentais, influenciam significativamente as decisões agrícolas. Os agricultores devem avaliar as tendências do mercado e ajustar as suas estratégias em conformidade. A análise custo-benefício, as margens de lucro e o retorno do investimento são considerações críticas para o crescimento sustentável.
3. **Condições climáticas e ambientais**: A variabilidade climática coloca desafios constantes à tomada de decisões no sector agrícola. Os padrões meteorológicos, a qualidade do solo e a disponibilidade de água podem afetar as épocas de plantação e de colheita, os surtos de pragas e o rendimento das culturas. A incorporação de práticas resistentes ao clima, como a rotação de culturas ou a agro-silvicultura, pode ajudar os agricultores a adaptarem-se às condições ambientais variáveis.
4. **Avanços tecnológicos**: As inovações na tecnologia agrícola - como os organismos geneticamente modificados (OGM), a irrigação por gotejamento e a maquinaria automatizada - apresentam novas oportunidades de melhoria. No entanto, a

adoção destas tecnologias exige uma análise cuidadosa dos seus benefícios, custos e potenciais impactos nos ecossistemas e nas comunidades.

5. **Dinâmica social e envolvimento da comunidade**: Em muitas zonas rurais, a agricultura não é apenas uma atividade económica; está também profundamente enraizada na cultura e na comunidade locais. A tomada de decisões deve ter em conta factores sociais, incluindo a dinâmica laboral, os valores comunitários e as práticas de colaboração. O envolvimento das partes interessadas locais pode melhorar a adoção de práticas sustentáveis e promover a resiliência.

5.3 ESTRATÉGIAS PARA MELHORAR A TOMADA DE DECISÕES NO DOMÍNIO DA AGRICULTURA:

Para navegar nas complexidades da paisagem agrícola, as partes interessadas podem adotar várias estratégias destinadas a melhorar a tomada de decisões:

1. **Implementação do Manejo Integrado de Pragas (MIP)**: Ao utilizar uma combinação de práticas biológicas, culturais e químicas para gerir as pragas, os agricultores podem tomar decisões informadas que minimizem os impactos ambientais e reduzam a dependência de pesticidas nocivos.
2. **Investir em serviços de investigação e extensão**: A colaboração com instituições de investigação agrícola e serviços de extensão proporciona aos agricultores conhecimentos, formação e recursos valiosos. A transferência de conhecimentos ajuda-os a manterem-se informados sobre as mais recentes práticas e tecnologias agrícolas.
3. **Adoção de práticas sustentáveis**: As práticas agrícolas sustentáveis - como a agricultura biológica, a agroecologia e a agricultura regenerativa - incentivam a tomada de decisões que dão prioridade à saúde ambiental a longo prazo, à biodiversidade e à vitalidade do solo.
4. **Utilização de sistemas de apoio à decisão (DSS)**: A integração de sistemas informáticos de apoio à decisão pode ajudar os agricultores a analisar os dados e a prever os resultados. Estas ferramentas podem ajudar a simular diferentes

cenários, orientando os agricultores para as melhores opções com base em parâmetros específicos.

5. **Envolver-se em redes de colaboração**: A adesão a cooperativas ou associações agrícolas pode capacitar os agricultores através da partilha de conhecimentos, de recursos colectivos e de um melhor poder de negociação nos mercados. As redes de colaboração também promovem a resiliência e a inovação a nível comunitário.

À medida que o sector agrícola enfrenta desafios sem precedentes, a tomada de decisões eficazes torna-se vital para alcançar um crescimento sustentável e a segurança alimentar. Ao empregar abordagens baseadas em dados, abraçar os avanços tecnológicos e dar prioridade ao envolvimento da comunidade, os agricultores podem navegar pelas complexidades da agricultura moderna. A aprendizagem e a adaptação contínuas serão essenciais à medida que as partes interessadas se esforçam por satisfazer as exigências de um mundo em rápida mudança, salvaguardando simultaneamente o nosso planeta para as gerações futuras. Através de uma tomada de decisões ponderada na agricultura, podemos aspirar a cultivar um sistema alimentar mais sustentável e resiliente.

5.4 TOMADA DE DECISÃO BASEADA NA AIAO (ABORDAGEM KSK) NO DOMÍNIO DA AGRICULTURA

Esta abordagem KSK é sugerida pelo Dr. Kutubuddin S Kazi, que é autor de muitos artigos sobre a tomada de decisões baseada na AIIoT. KSK é parecido com o nome do autor. A intersecção entre a inteligência artificial e a Internet das Coisas (IoT) deu origem a um paradigma transformador conhecido como AIIoT (Inteligência Artificial das Coisas). Numa época em que a procura global de alimentos está a aumentar, a integração da AIIoT na agricultura não é apenas uma tendência, mas uma necessidade. Este artigo explora a forma como a AIIoT facilita a tomada de decisões no sector agrícola, aumentando a produtividade, a sustentabilidade e a resiliência contra as alterações climáticas.

A Inteligência Artificial das Coisas (AIIoT) está a revolucionar os processos de tomada de decisão no domínio da agricultura, integrando sistemas inteligentes com tecnologias da Internet das Coisas (IoT). Esta convergência inovadora permite aos agricultores recolher e analisar grandes quantidades de dados de várias fontes, como sensores de solo, estações meteorológicas e drones. Ao tirar partido da análise de dados em tempo real, a AIIoT fornece informações que ajudam os agricultores a tomar decisões informadas sobre a gestão das culturas, a afetação de recursos e a otimização do rendimento. Por exemplo, os algoritmos de IA podem prever infestações de pragas ou surtos de doenças com base nas condições ambientais, permitindo aos agricultores implementar intervenções direcionadas e, em última análise, reduzir a utilização de produtos químicos.

Além disso, a AIIoT facilita as práticas de agricultura de precisão, que envolvem a aplicação de quantidades exactas de água, fertilizantes e pesticidas no momento e local certos. Com a ajuda de modelos sofisticados de aprendizagem automática, os agricultores podem otimizar os insumos com base nas condições específicas do campo, aumentando assim a produtividade das culturas e minimizando o desperdício e o impacto ambiental. A utilização da AIIoT também se estende às melhorias da cadeia de abastecimento, onde a análise preditiva desempenha um papel crucial na antecipação das exigências do mercado e na gestão eficaz do inventário. Isto significa que os agricultores estão mais bem equipados para responder à evolução das condições de mercado, reduzindo o risco de sobreprodução ou deterioração.

Além disso, a tomada de decisões com base na AIIoT promove a sustentabilidade na agricultura, fornecendo informações acionáveis que contribuem para a conservação dos recursos. Ao monitorizar a utilização da água e a saúde do solo em tempo real, os agricultores podem implementar práticas mais sustentáveis que não só melhoram os seus resultados, como também protegem os ecossistemas. A integração da AIIoT na agricultura não só capacita os agricultores com as ferramentas para tomar decisões baseadas em dados, como também promove um sistema agrícola mais resiliente, capaz de se adaptar aos desafios colocados pelas alterações climáticas e pelo crescimento populacional. À medida que esta tecnologia continua a evoluir, o seu potencial para transformar o sector agrícola e contribuir para a segurança alimentar global só irá aumentar.

A AIIoT reúne tecnologias de IA com dispositivos IoT para criar sistemas inteligentes capazes de recolher, analisar e interpretar grandes quantidades de dados agrícolas. Os sensores colocados nos campos, os drones que monitorizam a saúde das culturas e as imagens de satélite são apenas alguns exemplos de dispositivos IoT que alimentam os sistemas de IA com dados. A fusão destas tecnologias permite obter melhores conhecimentos derivados de padrões de dados, possibilitando a mudança da agricultura de uma gestão reactiva para uma gestão proactiva.

Recolha e análise de dados em tempo real

A espinha dorsal da AIIoT na agricultura é a sua capacidade de recolher dados em tempo real. Os sensores podem monitorizar a humidade do solo, a temperatura, a humidade e os indicadores de saúde das culturas. Os drones equipados com câmaras podem avaliar a saúde das plantas e detetar surtos de pragas muito mais cedo do que os métodos convencionais permitem. Este fluxo constante de dados é processado e analisado através de algoritmos de IA que podem identificar tendências, anomalias e padrões preditivos.

Por exemplo, se um sensor detetar uma queda nos níveis de humidade do solo, o sistema baseado na AIIoT pode alertar os agricultores para iniciarem a irrigação, optimizando assim a utilização da água. Isto não só conserva os recursos como também aumenta o rendimento das culturas.

Agricultura de precisão

Uma das aplicações mais significativas da AIIoT é a agricultura de precisão. Os agricultores podem criar estratégias personalizadas com base em condições específicas em várias partes dos seus campos, em vez de tratar toda a área de forma uniforme. Por exemplo, ao analisar dados de diferentes zonas de uma quinta, os sistemas AIIoT podem recomendar calendários de fertilização personalizados, soluções de gestão de pragas e práticas de irrigação adaptadas aos requisitos únicos de cada secção.

Este nível de precisão traduz-se num aumento da produtividade, na redução do desperdício de factores de produção e num menor impacto ambiental. Os agricultores podem obter rendimentos mais elevados com menos recursos, alinhando as práticas agrícolas com a crescente ênfase na sustentabilidade.

Análise preditiva

A AIIoT capacita os agricultores com capacidades de análise preditiva, permitindo-lhes prever potenciais desafios e oportunidades. Ao tirar partido dos dados históricos e dos dados em tempo real, os algoritmos de IA podem prever padrões climáticos, tendências de mercado e invasões de pragas.

Por exemplo, se as previsões meteorológicas indicarem uma seca iminente, os agricultores podem ajustar proactivamente os seus calendários de plantação ou planos de irrigação. Do mesmo modo, ao analisar as tendências do mercado, os agricultores podem tomar decisões informadas sobre a seleção de culturas, maximizando a rentabilidade e minimizando os riscos.

Melhoria da gestão da cadeia de abastecimento

A tomada de decisões eficazes estende-se para além da exploração agrícola. A AIIoT melhora a eficiência da cadeia de abastecimento, fornecendo melhores informações sobre o movimento do produto e o comportamento do consumidor. Os sensores inteligentes podem monitorizar as condições em que as colheitas são armazenadas e transportadas, garantindo que permanecem frescas e de alta qualidade.

A análise baseada em IA também pode prever a procura, permitindo aos agricultores otimizar os seus calendários de colheita e reduzir o desperdício. Ao ligar os produtores aos consumidores através de um melhor fluxo de informação, a AIIoT promove um ecossistema agrícola mais resiliente e reativo.

Gestão de recursos melhorada

Os sistemas AIIoT melhoram significativamente a gestão de recursos, optimizando a utilização de água, fertilizantes, pesticidas e outros factores de produção. Os sistemas de irrigação inteligentes, por exemplo, podem ajustar o fornecimento de água com base em dados de humidade do solo em tempo real, contribuindo para a conservação da água.

A aplicação de pesticidas também pode ser mais eficiente: A IA pode analisar o movimento das pragas e os bioindicadores, aconselhando os agricultores sobre tratamentos direcionados que minimizem a utilização de produtos químicos sem comprometer a saúde das culturas.

Desafios e direcções futuras

Apesar dos inúmeros benefícios, a adoção da AIIoT na agricultura não está isenta de desafios. Questões como a privacidade dos dados, a necessidade de infra-estruturas robustas e o custo inicial da implementação podem dissuadir os agricultores, em especial os das regiões em desenvolvimento.

Além disso, há uma curva de aprendizagem associada às novas tecnologias. A educação e a formação desempenham um papel crucial para garantir que os agricultores possam aproveitar eficazmente os sistemas AIIoT para tomar decisões informadas.

À medida que a tecnologia continua a evoluir, o futuro da AIIoT na agricultura parece promissor. Inovações como os modelos de aprendizagem automática, a computação de ponta e a análise avançada de dados irão melhorar ainda mais os processos de tomada de decisões, conduzindo, em última análise, a uma paisagem agrícola mais inteligente e sustentável.

5.5 O PAPEL DA AIIOT NA TOMADA DE DECISÕES NO DOMÍNIO DA AGRICULTURA

O sector agrícola tem vindo a sofrer uma transformação monumental alimentada pelos avanços tecnológicos. Um dos desenvolvimentos mais significativos dos últimos anos é a integração da Inteligência Artificial (IA) e da Internet das Coisas (IoT), coletivamente designada por Inteligência Artificial das Coisas (AIIoT). Esta poderosa combinação está a revolucionar os processos de tomada de decisão na agricultura, optimizando a produtividade, reduzindo o desperdício e garantindo a sustentabilidade.

A AIIoT combina a inteligência artificial com a Internet das Coisas, tirando partido das capacidades de sensores inteligentes, dispositivos ligados e algoritmos sofisticados. No contexto da agricultura, a AIIoT engloba uma série de aplicações, desde a agricultura de precisão à análise preditiva. Ao recolher e processar grandes quantidades de dados, as soluções AIIoT permitem aos agricultores tomar decisões informadas que aumentam o rendimento das culturas e reduzem os custos.

1. Agricultura de precisão

A agricultura de precisão é uma das aplicações mais diretas da AIIoT na agricultura.

Através da utilização de dispositivos IoT, como drones, sensores de solo e estações meteorológicas, os agricultores podem recolher dados em tempo real sobre os seus campos. Estes dados são analisados utilizando algoritmos de IA para fornecer informações sobre factores essenciais, como a saúde do solo, os níveis de humidade e as infestações de pragas. Ao aproveitar esta informação, os agricultores podem adaptar as suas intervenções - quer se trate da aplicação de fertilizantes, pesticidas ou irrigação - exatamente quando e onde são necessárias, maximizando assim a eficiência dos recursos.

2. Análise preditiva

A AIIoT melhora significativamente a análise preditiva na agricultura, permitindo aos agricultores antecipar e responder a potenciais desafios. Ao analisar dados históricos juntamente com informações em tempo real, a IA pode identificar padrões que ajudam a prever o rendimento das culturas, surtos de pragas e condições climáticas adversas. Por exemplo, se os dados mostrarem uma correlação entre padrões climáticos específicos e o aumento da incidência de pragas, os agricultores podem implementar medidas preventivas antes que ocorram danos, salvaguardando assim as suas colheitas e lucros.

3. Otimização da cadeia de fornecimento

A AIIoT desempenha um papel crucial para além do campo, alargando a sua influência à cadeia de abastecimento agrícola. Ao permitir um melhor acompanhamento e gestão dos produtos agrícolas, a AIIoT garante que os agricultores possam tomar decisões baseadas em dados, desde a exploração agrícola até ao mercado. Os sensores podem monitorizar o estado dos produtos em trânsito, ajudando a reduzir a deterioração e o desperdício. Além disso, os modelos de IA podem prever as tendências da procura, permitindo aos agricultores alinhar a sua produção com as necessidades do mercado, evitando assim o excesso de oferta ou a escassez.

4. Sustentabilidade reforçada

A sustentabilidade é uma preocupação crescente na agricultura moderna. As tecnologias AIIoT contribuem significativamente ao permitirem práticas agrícolas mais sustentáveis. Por exemplo, sistemas de irrigação precisos alimentados por sensores IoT podem minimizar o desperdício de água, enquanto os algoritmos de IA podem sugerir práticas de rotação de culturas que melhoram a saúde do solo e a biodiversidade. Além disso, ao analisar dados sobre a utilização de produtos químicos e os seus efeitos, os agricultores podem minimizar o seu impacto ambiental, garantindo o cumprimento dos regulamentos e contribuindo para objectivos de sustentabilidade mais amplos.

5. Monitorização e gestão remotas

O crescimento da agricultura inteligente está intimamente ligado à capacidade de monitorização e gestão remotas proporcionadas pela AIIoT. Os agricultores podem agora supervisionar as suas operações a partir de qualquer parte do mundo. Com os dispositivos IoT a fornecerem dados em tempo real aos sistemas de IA, podem monitorizar as condições do solo, a saúde das culturas e o desempenho das máquinas sem terem de se deslocar ao terreno. Este nível de conetividade não só poupa tempo, como também permite uma tomada de decisões mais rápida, conduzindo, em última análise, a melhores resultados.

Desafios e considerações

Embora o potencial da AIIoT na agricultura seja imenso, há desafios a considerar. O acesso à tecnologia, as preocupações com a privacidade dos dados e a necessidade de literacia digital entre os agricultores são obstáculos significativos. Além disso, a integração de sistemas AIIoT nas práticas agrícolas existentes requer investimento e adaptação, o que pode ser assustador para pequenas explorações agrícolas.

A AIIoT está destinada a redefinir o panorama da agricultura, permitindo uma tomada de decisões mais inteligente e baseada em dados que optimiza a produção e melhora a sustentabilidade. Ao adotar estas tecnologias, os agricultores podem não só aumentar a sua eficiência e rentabilidade, mas também contribuir para um ecossistema agrícola mais sustentável e resiliente. À medida que o mundo enfrenta os desafios duplos do crescimento populacional e das alterações climáticas, o papel da AIIoT na agricultura será cada vez mais crucial, oferecendo soluções inovadoras para problemas antigos e abrindo caminho para um futuro em que a tecnologia e a natureza trabalham de mãos dadas.

Capítulo 6: Tomada de decisões com base na AIIoT (abordagem KSK) em aplicações médicas

6.1 INTRODUÇÃO:

A integração da Inteligência Artificial (IA) com a Internet das Coisas (IoT) está a revolucionar os processos de tomada de decisões em aplicações médicas. Ao tirar partido de algoritmos avançados e da recolha de dados em tempo real a partir de dispositivos médicos ligados, os prestadores de cuidados de saúde podem obter informações sem precedentes sobre a saúde dos doentes e a eficiência operacional. Por exemplo, os dispositivos portáteis que monitorizam os sinais vitais, juntamente com a análise de IA, podem detetar anomalias como batimentos cardíacos irregulares ou picos súbitos na tensão arterial. Estes sistemas não só alertam prontamente os profissionais de saúde, como também sugerem opções de tratamento personalizadas com base nos dados individuais dos pacientes, melhorando a qualidade geral dos cuidados.

Além disso, os sistemas IoT orientados para a IA facilitam a análise preditiva em contextos de cuidados de saúde. Ao analisar grandes quantidades de dados de dispositivos integrados, como monitores de glicose e bombas de infusão, as ferramentas de IA podem prever potenciais riscos para a saúde, permitindo intervenções proactivas antes de surgirem condições críticas. Esta capacidade de previsão é especialmente vital na gestão de doenças crónicas, permitindo estratégias de gestão de doentes personalizadas que optimizam os resultados do tratamento e minimizam as visitas ao hospital. Além disso, a capacidade de agregar e analisar dados de várias fontes ajuda a identificar tendências e padrões nas populações de pacientes, apoiando a tomada de decisões baseadas em evidências que podem levar a melhores protocolos de saúde.

Além disso, a implementação da IA nos sistemas IoT está a simplificar a tomada de decisões operacionais nas instalações de cuidados de saúde. Os sistemas inteligentes de gestão hospitalar podem monitorizar a utilização de recursos em tempo real, prever o afluxo de doentes e otimizar as necessidades de pessoal. Isto não só melhora os cuidados aos doentes, reduzindo os tempos de espera, como também aumenta a eficiência operacional dos prestadores de cuidados de saúde. Ao aproveitar a sinergia entre a IA e a IoT, o sector médico está preparado para abraçar uma nova era de tomada de decisões baseadas em dados, caracterizada por uma maior precisão, eficiência e cuidados centrados no paciente. Esta abordagem KSK é sugerida pelo Dr. Kutubuddin S Kazi, que é o autor de muitos artigos na tomada de decisão baseada em AIIoT. KSK é parecido com o nome do autor.

6.2 TOMADA DE DECISÕES PARA APLICAÇÕES MÉDICAS: MELHORAR OS RESULTADOS PARA OS PACIENTES ATRAVÉS DE ESCOLHAS BASEADAS EM DADOS

Numa era em que a tecnologia médica e a análise de dados estão a progredir a um ritmo sem precedentes, a tomada de decisões no domínio dos cuidados de saúde surgiu como uma área de incidência crítica. Com a integração de algoritmos avançados, aprendizagem automática e inteligência artificial (IA), o quadro de tomada de decisões em aplicações médicas está a evoluir para fornecer diagnósticos mais precisos, adaptar tratamentos e, em última análise, melhorar os resultados dos doentes. Este artigo analisa a importância de uma tomada de decisão eficaz nos cuidados de saúde, explora as ferramentas e metodologias utilizadas e discute as considerações éticas em torno destas inovações.

A tomada de decisões em contextos médicos engloba uma série de actividades, desde o diagnóstico clínico aos protocolos de tratamento e à atribuição de recursos. Uma tomada de decisão eficaz pode levar a intervenções atempadas, à redução dos custos dos cuidados de saúde e a uma maior satisfação dos doentes. Por outro lado, uma má tomada de decisão pode resultar em diagnósticos incorrectos, tratamentos ineficazes e aumento da morbilidade e mortalidade dos doentes.

Aspectos fundamentais da tomada de decisões médicas:

1. **Sistemas de apoio à decisão clínica (CDSS)**: Estes sistemas utilizam dados dos doentes e orientações baseadas em provas para ajudar os profissionais de saúde a diagnosticar doenças e a selecionar tratamentos adequados. Ao fornecer alertas, lembretes e recomendações, os CDSS podem ajudar a reduzir os erros e a melhorar a prestação de cuidados.
2. **Análise preditiva**: Aproveitando dados históricos e algoritmos de ponta, a análise preditiva permite a previsão dos resultados dos pacientes e a

probabilidade de progressão da doença. Esta capacidade é inestimável na elaboração de estratégias preventivas e planos de tratamento personalizados.

3. **Tomada de decisões partilhada**: O envolvimento dos doentes no processo de tomada de decisão promove uma abordagem colaborativa dos cuidados de saúde. Ao discutir as opções de tratamento, os benefícios e os riscos, os prestadores de cuidados de saúde podem capacitar os doentes para tomarem decisões informadas que estejam de acordo com os seus valores e preferências.
4. **Tomada de decisões baseada em dados (DDDM)**: A mudança para um modelo centrado nos dados incentiva a utilização de conjuntos de dados sólidos para orientar as escolhas clínicas. Estes incluem registos de saúde electrónicos (RSE), dados genómicos e sistemas de monitorização em tempo real que proporcionam aos profissionais de saúde uma visão abrangente do estado de saúde de um doente.

6.3 FERRAMENTAS E METODOLOGIAS NA TOMADA DE DECISÕES MÉDICAS

A aplicação de várias metodologias e ferramentas transformou o panorama da tomada de decisões médicas. Algumas das mais impactantes incluem:

1. Aprendizagem automática (ML) e Inteligência Artificial (IA)

Os algoritmos de IA e de ML podem analisar vastos conjuntos de dados para identificar padrões que podem não ser imediatamente visíveis para os clínicos humanos. Estas tecnologias podem ajudar no diagnóstico de doenças, na previsão de resultados de tratamentos e até no reconhecimento de alterações subtis no estado do doente que possam indicar complicações.

2. Processamento de linguagem natural (PNL)

A PNL, um subconjunto da IA, permite que as máquinas compreendam e interpretem a linguagem humana. No sector dos cuidados de saúde, a PNL pode ser utilizada para processar dados não estruturados de notas clínicas e artigos de investigação, permitindo obter informações mais completas sobre os cuidados prestados aos doentes e novas opções de tratamento.

3. Modelação de simulação

A modelação por simulação permite aos profissionais de saúde criar modelos detalhados de sistemas de saúde complexos, ajudando na avaliação de diferentes cenários e dos seus potenciais resultados. Esta técnica é benéfica para as decisões de afetação de recursos e para avaliar o impacto de novas intervenções antes de as implementar.

4. Árvores de decisão e fluxogramas

Estas ferramentas visuais ajudam a orientar os profissionais de saúde através de vários cenários clínicos, delineando possíveis acções com base nos dados do doente. As árvores de decisão fornecem uma abordagem estruturada para considerar diferentes vias de tratamento, melhorando a clareza no processo de tomada de decisão.

Considerações éticas

Embora os avanços nas tecnologias de tomada de decisão apresentem oportunidades notáveis, também levantam questões éticas que não podem ser ignoradas. Questões como a privacidade dos dados, o enviesamento algorítmico e a potencial dependência excessiva da tecnologia devem ser analisadas de forma crítica. Garantir que os sistemas de IA são transparentes, justos e explicáveis é essencial para manter a confiança entre os doentes e os seus prestadores de cuidados de saúde.

Questões regulamentares e de conformidade

Os governos e os organismos reguladores têm de garantir que as novas tecnologias cumprem as normas de cuidados de saúde e as diretrizes éticas estabelecidas. A integração de ferramentas de tomada de decisões deve dar prioridade à segurança dos doentes e dos dados, garantindo uma supervisão rigorosa antes da sua adoção generalizada.

A tomada de decisões eficazes em aplicações médicas é crucial para melhorar os cuidados e os resultados dos doentes. Ao utilizar tecnologias avançadas como a IA, a aprendizagem automática e os sistemas de apoio à decisão, os prestadores de cuidados de saúde podem tomar decisões informadas e baseadas em provas que têm um impacto positivo na saúde dos doentes. No entanto, é essencial enfrentar cuidadosamente os desafios éticos que as acompanham para garantir que estas inovações servem os melhores interesses dos doentes. À medida que o sector dos cuidados de saúde continua a evoluir, a ênfase em processos de tomada de decisão refinados irá, sem dúvida, moldar o futuro da medicina, promovendo uma abordagem dos cuidados de saúde mais centrada nos dados e nos doentes.

6.4 AI-DRIVEN IOT NA TOMADA DE DECISÕES PARA APLICAÇÕES MÉDICAS

Esta abordagem KSK é sugerida pelo Dr. Kutubuddin S Kazi, que é autor de muitos artigos sobre a tomada de decisões baseada na AIIoT. KSK é parecido com o nome do autor. A convergência da Inteligência Artificial (IA) e da Internet das Coisas (IoT) está a remodelar rapidamente várias indústrias, com os cuidados de saúde a destacarem-se como um domínio significativo que está a passar por esta transformação. As soluções IoT orientadas para a IA estão a abrir caminho para aplicações médicas da próxima geração que melhoram os processos de tomada de decisão, melhoram os resultados para os doentes e simplificam as operações.

A IA refere-se à simulação da inteligência humana em máquinas programadas para pensar e aprender como os humanos. Nos cuidados de saúde, a IA pode analisar grandes quantidades de dados, reconhecer padrões e fornecer informações preditivas, que são cruciais para um diagnóstico e um planeamento de tratamento precisos.

A IoT engloba uma rede de dispositivos ligados que comunicam e partilham dados entre si para permitir uma tomada de decisões mais inteligente. Num contexto de cuidados de saúde, os dispositivos IoT podem incluir dispositivos portáteis, sensores e equipamento médico que recolhem continuamente dados sobre as métricas de saúde dos pacientes.

A sinergia da IA e da IoT:

A combinação da IA e da IoT resulta em soluções poderosas que facilitam a recolha de dados em tempo real, a análise e as informações acionáveis. Esta sinergia oferece vários benefícios críticos em aplicações médicas:

1. **Monitorização melhorada dos doentes**

Os dispositivos IoT orientados para a IA e equipados com sensores podem monitorizar continuamente os sinais vitais dos doentes, como o ritmo cardíaco, a tensão arterial e os níveis de glucose. Por exemplo, os dispositivos portáteis podem alertar os profissionais de saúde sobre leituras anormais, permitindo intervenções atempadas. Os algoritmos de IA podem analisar estes fluxos de dados para identificar tendências ao longo do tempo, permitindo a deteção precoce de potenciais problemas de saúde.

2. **Medicina personalizada**

A medicina personalizada está a revolucionar os cuidados de saúde, adaptando os planos de tratamento com base nos perfis individuais dos doentes. Os dispositivos IoT recolhem dados alargados sobre as respostas dos doentes a medicamentos e tratamentos. Os sistemas de IA podem processar estes dados para identificar quais os tratamentos mais eficazes para perfis genéticos ou de estilo de vida específicos, permitindo terapias personalizadas que melhoram os resultados e reduzem os efeitos secundários.

3. **Análise preditiva**

As capacidades de análise preditiva da IA permitem aos prestadores de cuidados de saúde antecipar as necessidades e os resultados dos doentes. Ao analisar dados históricos de dispositivos IoT, a IA pode prever potenciais complicações de saúde, ajudando na tomada de decisões proactivas. Por exemplo, os modelos de IA podem prever o risco de readmissão hospitalar, permitindo às equipas de cuidados de saúde implementar medidas preventivas com antecedência.

4. **Eficiência operacional**

As aplicações IoT baseadas em IA optimizam as operações hospitalares, simplificando as tarefas administrativas e a gestão de recursos. Os dispositivos IoT podem monitorizar a utilização e a disponibilidade do equipamento, garantindo que as ferramentas essenciais são mantidas e estão prontas a ser utilizadas. Os algoritmos de IA podem analisar os dados do fluxo de trabalho para identificar estrangulamentos, melhorando a eficiência operacional e a afetação de recursos.

5. Cuidados remotos de doentes e telemedicina

A pandemia de COVID-19 acelerou a adoção de soluções de telemedicina e de cuidados remotos aos doentes. Os dispositivos com IoT permitem a monitorização remota, permitindo aos prestadores de cuidados de saúde acompanhar o estado de saúde dos doentes a partir do conforto das suas casas. A IA pode analisar os dados destes dispositivos para ajudar a diagnosticar e gerir doenças crónicas, promovendo intervenções mais atempadas e reduzindo a necessidade de visitas presenciais.

Desafios e considerações

Embora os benefícios da IoT orientada para a IA nos cuidados de saúde sejam substanciais, há desafios e considerações que têm de ser abordados:

- **Privacidade e segurança dos dados:** A grande quantidade de dados de saúde sensíveis recolhidos pelos dispositivos IoT suscita preocupações significativas em termos de privacidade. É fundamental garantir a segurança dos dados e a conformidade com regulamentos como o Health Insurance Portability and Accountability Act (HIPAA).
- **Integração e interoperabilidade:** Muitos sistemas de saúde sofrem de dados fragmentados em várias plataformas. Para que as soluções IoT baseadas em IA sejam eficazes, é essencial uma integração e interoperabilidade perfeitas entre dispositivos, sistemas e fornecedores.
- **Enviesamento e exatidão:** Os modelos de IA podem introduzir preconceitos com base nos dados em que são treinados. Garantir conjuntos de dados diversificados e representativos é fundamental para evitar discrepâncias nos resultados dos cuidados aos doentes.

A integração de tecnologias IoT orientadas para a IA em aplicações médicas está a redefinir os percursos de tomada de decisão nos cuidados de saúde. Com uma melhor monitorização dos pacientes, medicina personalizada, análise preditiva e eficiências operacionais, esta sinergia promete melhores resultados para os pacientes e operações de cuidados de saúde simplificadas. À medida que a tecnologia evolui, a resolução dos desafios relacionados com a privacidade dos dados, a interoperabilidade e a parcialidade será crucial para aproveitar todo o potencial da IoT impulsionada pela IA na transformação dos cuidados de saúde para melhor. O futuro é brilhante, uma vez que estes sistemas inteligentes continuam a alargar os limites da inovação em aplicações médicas, conduzindo, em última análise, a um sistema de cuidados de saúde mais eficaz e eficiente.

6.5 O PAPEL DA AIIOT NA TOMADA DE DECISÕES EM APLICAÇÕES MÉDICAS

A convergência da Inteligência Artificial (IA) e da Internet das Coisas (IoT) deu início a uma nova evolução tecnológica conhecida como Inteligência Artificial das Coisas (AIIoT). Este quadro inovador está a transformar vários sectores, e nenhum de forma mais crítica do que o sector da saúde. Nas aplicações médicas, a AIIoT melhora os processos de tomada de decisões, melhorando os resultados dos doentes, a eficiência operacional e a análise preditiva. Este artigo analisa a forma como a AIIoT está a revolucionar a tomada de decisões em ambientes médicos.

A AIIoT combina dispositivos inteligentes e inteligência artificial para recolher, analisar e atuar sobre os dados sem intervenção humana significativa. No sector dos cuidados de saúde, isto inclui dispositivos médicos conectados, dispositivos portáteis e sistemas de diagnóstico com algoritmos de IA para obter informações a partir de grandes quantidades de dados de saúde. Esta integração fornece informações acionáveis em tempo real, moldando a forma como os prestadores de cuidados de saúde tomam decisões cruciais.

Melhorar a tomada de decisões clínicas

1. **Insights orientados por dados**: A integração da AIIoT em aplicações médicas permite a recolha de volumes sem precedentes de dados de pacientes de várias fontes, como dispositivos médicos, wearables e registos de saúde electrónicos. Algoritmos avançados de IA analisam esses dados para identificar padrões e tendências que são cruciais para diagnósticos precisos e planos de tratamento personalizados. Os profissionais de saúde podem aceder a estas informações para tomar decisões clínicas informadas, reduzindo o risco de erro humano.

2. **Análise preditiva**: A capacidade da AIIoT para analisar dados históricos permite a modelação preditiva. Por exemplo, ao analisar os dados de dispositivos portáteis, os algoritmos de IA podem identificar sinais de alerta precoce de deterioração em doentes crónicos, permitindo intervenções atempadas. Esta capacidade de previsão é vital na gestão de doenças como a diabetes, as doenças cardíacas e as doenças respiratórias, permitindo que os profissionais de saúde intervenham antes de ocorrer uma crise.
3. **Imagiologia e diagnóstico melhorados**: As tecnologias AIIoT estão a dar passos significativos na imagiologia e no diagnóstico médico. Os algoritmos de IA podem analisar rapidamente dados de imagem de ressonância magnética, tomografia computadorizada e raios X, sinalizando anormalidades que os médicos podem ignorar. Isto não só acelera o diagnóstico, como também ajuda a tomar decisões mais precisas relativamente às opções de tratamento.
4. **Monitorização remota e telessaúde**: A pandemia de COVID-19 acelerou a adoção de serviços de telessaúde. A AIIoT facilita a monitorização remota dos doentes, permitindo que os prestadores de cuidados de saúde tomem decisões com base em dados recolhidos em tempo real a partir dos dispositivos domésticos dos doentes. Este fluxo contínuo de informação permite que os médicos adaptem rapidamente os planos de tratamento, garantindo que os doentes recebem os cuidados adequados sem visitas frequentes ao hospital.

Otimização da eficiência operacional

1. **Gestão de recursos**: As aplicações AIIoT podem otimizar as operações hospitalares através da análise de dados relacionados com a utilização de recursos. Ao compreenderem o fluxo de doentes, a carga de trabalho do pessoal e os inventários de fornecimentos, as ferramentas AIIoT ajudam os administradores de cuidados de saúde a tomar decisões informadas sobre o pessoal, a atribuição de equipamento e a gestão de inventários. Isto não só aumenta a eficiência operacional como também melhora a qualidade dos cuidados prestados aos doentes.
2. **Desenvolvimento de medicamentos e I&D**: Na investigação e desenvolvimento

farmacêuticos, a AIIoT pode simplificar os processos de tomada de decisões através da análise eficiente de vastos conjuntos de dados de ensaios clínicos e provas do mundo real. Os algoritmos de IA podem prever as respostas dos pacientes a novos medicamentos, ajudando os investigadores clínicos a aperfeiçoar as suas abordagens e a tomar decisões mais rápidas relativamente à aprovação de medicamentos e à entrada no mercado.

Considerações e desafios éticos

Embora a AIIoT nos cuidados de saúde apresente um enorme potencial para melhorar a tomada de decisões, há que ter em conta considerações e desafios éticos. Questões como a privacidade dos dados, a segurança e o potencial de enviesamento algorítmico exigem regulamentos rigorosos e diretrizes éticas. Os prestadores de cuidados de saúde têm de garantir que as decisões baseadas em IA são transparentes e que os dados dos doentes estão protegidos.

O futuro da AIIoT na tomada de decisões no sector da saúde

À medida que as tecnologias AIIoT avançam, o seu impacto na tomada de decisões em aplicações médicas só se irá aprofundar. Desde tratamentos personalizados e diagnósticos melhorados a operações simplificadas e melhor monitorização dos doentes, as possibilidades são vastas. O investimento contínuo na investigação e desenvolvimento da AIIoT irá promover inovações que remodelam o panorama dos cuidados de saúde.

Em conclusão, a AIIoT desempenha um papel fundamental na melhoria da tomada de decisões em aplicações médicas, conduzindo a melhores cuidados aos doentes, a uma maior eficiência operacional e a abordagens transformadoras da prestação de cuidados de saúde. Ao aproveitar o poder dos dispositivos interconectados e da análise avançada de IA, os profissionais de saúde estão equipados para tomar decisões mais informadas, conduzindo, em última análise, a resultados de saúde positivos. O futuro dos cuidados de saúde reside na integração inteligente da tecnologia, em que a AIIoT é a pedra angular do progresso e da inovação.

Capítulo 7: Tomada de decisão baseada em AIIoT (abordagem KSK) em Robótica

7.1 INTRODUÇÃO

A tomada de decisões em robótica é um aspeto crítico que determina a eficácia e a eficiência dos sistemas robóticos em várias aplicações. No centro da tomada de decisões robóticas está a capacidade de processar informações do ambiente, analisar acções potenciais e escolher o curso de ação mais adequado para atingir um objetivo específico. Isto envolve uma combinação de algoritmos, técnicas de aprendizagem automática e, por vezes, até inteligência artificial, permitindo que os robôs se adaptem a ambientes dinâmicos e a situações inesperadas. Por exemplo, nos veículos autónomos, os processos de tomada de decisão devem ter em conta inúmeras variáveis, como os padrões de tráfego, o comportamento dos peões e as condições da estrada, para garantir uma navegação segura.

Os robôs utilizam frequentemente diferentes tipos de paradigmas de tomada de decisão, consoante a complexidade das tarefas que são concebidos para executar. A tomada de decisões reactiva, que se caracteriza por respostas imediatas a estímulos ambientais, é comum em sistemas robóticos simples. Em contrapartida, as aplicações mais complexas podem utilizar a tomada de decisões deliberativa, que envolve o planeamento e o raciocínio com base numa compreensão mais ampla do ambiente e de potenciais estados futuros. As abordagens híbridas que combinam estratégias de tomada de decisão reactivas e deliberativas são cada vez mais populares, permitindo que os robôs respondam rapidamente, sem deixar de considerar os objectivos a longo prazo.

Além disso, os avanços na inteligência artificial revolucionaram a tomada de decisões na robótica, permitindo que as máquinas aprendam com as experiências e melhorem a sua tomada de decisões ao longo do tempo. Técnicas como a aprendizagem por reforço permitem que os robôs optimizem as suas acções com base nas recompensas obtidas pela realização bem sucedida de tarefas, o que pode conduzir a comportamentos mais inteligentes e adaptáveis. À medida que os robôs são integrados em vários domínios, incluindo os cuidados de saúde, a produção e a exploração, a capacidade de tomar decisões acertadas torna-se cada vez mais importante, reflectindo-se não só na sua eficácia operacional, mas também na segurança e fiabilidade das suas interações com os seres humanos e o ambiente. À medida que a investigação continua a evoluir, o futuro da tomada de decisões robóticas promete capacidades ainda maiores, abrindo caminho a sistemas mais autónomos e inteligentes.

7.2 TOMADA DE DECISÕES EM ROBÓTICA: A ABORDAGEM KSK

No domínio em rápida evolução da robótica, a tomada de decisões é uma componente crítica que determina a eficácia e a autonomia dos robôs em várias aplicações. À medida que os robôs se tornam mais integrados na vida quotidiana, desde a automação industrial à assistência pessoal, é vital desenvolver quadros sofisticados de tomada de decisões. Uma dessas estruturas que está a ganhar atenção é a abordagem KSK. Este artigo analisa a abordagem KSK, os seus princípios e as suas implicações para o futuro da robótica.

a. Entendendo a Abordagem KSK

Esta abordagem KSK é sugerida pelo Dr. Kutubuddin S Kazi, que é autor de muitos artigos sobre a tomada de decisões baseada na AIIoT. KSK é parecido com o nome do autor. A abordagem KSK à tomada de decisões envolve três princípios fundamentais: **Conhecimento**, **Consciência Situacional** e **Partilha de Conhecimento**. Em conjunto, estes princípios permitem que os robôs tomem decisões informadas e autónomas em ambientes complexos.

Conhecimento

O conhecimento é a base da abordagem KSK. Engloba a compreensão que o robô tem do seu cenário operacional, incluindo dados sobre o seu ambiente, tarefas, objectivos e potenciais desafios. Para um robô, o conhecimento pode ser classificado em várias categorias:

- **Conhecimentos processuais**: Consciência de como executar tarefas ou

operações específicas.

- **Conhecimento declarativo**: Factos sobre o ambiente, tais como a localização de objectos ou obstáculos.
- **Conhecimento do domínio**: Compreensão de conceitos mais amplos relevantes para a função do robô, tais como regulamentos específicos da indústria ou preferências do utilizador.

Para que os robôs tomem decisões eficazes, têm de atualizar e expandir continuamente a sua base de conhecimentos utilizando sensores, algoritmos de aprendizagem automática e informações humanas.

Consciência situacional

A consciência situacional refere-se à capacidade do robô para perceber e interpretar o seu ambiente atual em tempo real. Isto envolve não só o reconhecimento de elementos estáticos, mas também a compreensão de interações dinâmicas, como os movimentos de pessoas, outros robôs ou máquinas. Conseguir uma consciência situacional elevada exige entradas sensoriais robustas e capacidades de processamento avançadas.

Os principais aspectos do conhecimento da situação incluem:

- **Perceção**: A capacidade do robô para recolher informações de várias modalidades de sensores, incluindo câmaras, LiDAR e sensores ultra-sónicos.
- **Cognição**: O processamento de dados sensoriais para compreender o estado atual do ambiente e prever cenários futuros.
- **Avaliação**: Avaliar os potenciais riscos e oportunidades com base nos dados percepcionados e nos conhecimentos existentes.

Um processo de tomada de decisões eficaz exige que os robôs actualizem constantemente a sua consciência situacional, permitindo-lhes adaptar as suas acções em resposta à alteração das circunstâncias.

Partilha de conhecimentos

Num mundo conectado, a colaboração entre robôs está a tornar-se mais prevalecente. A Partilha de Conhecimentos realça a importância da comunicação e da troca de dados entre vários sistemas robóticos. Este princípio permite a partilha de recursos e informações, conduzindo a uma tomada de decisões mais informada.

A partilha de conhecimentos pode assumir várias formas:

- **Comunicação entre robôs**: Os robôs podem partilhar as suas experiências e conhecimentos, melhorando a inteligência colectiva.
- **Interação homem-robô**: A interação com operadores humanos pode fornecer informações valiosas que melhoram as capacidades de tomada de decisão de um robô.
- **Aprendizagem baseada na nuvem**: Ao aceder a bases de dados centralizadas, os robôs podem aceder a informações actualizadas e aprender com conjuntos de dados mais vastos.

A partilha de conhecimentos não só melhora a tomada de decisões individuais, como também promove efeitos sinérgicos em que os robôs podem resolver problemas complexos de forma mais eficiente.

b. Implicações para a robótica

A abordagem KSK oferece várias vantagens para o avanço da tomada de decisões robóticas:

1. **Autonomia**: Ao integrar o conhecimento e a consciência situacional, os robôs podem funcionar de forma mais independente, reduzindo a necessidade de supervisão humana constante.
2. **Adaptabilidade**: Os robôs podem adaptar-se rapidamente a novos ambientes e tarefas, actualizando continuamente os seus conhecimentos e avaliações da situação.
3. **Eficiência**: A colaboração promovida através da partilha de conhecimentos permite uma resolução mais rápida de problemas e a atribuição de recursos entre sistemas robóticos.
4. **Segurança**: O aumento da consciência situacional contribui para operações mais seguras, uma vez que os robots podem antecipar e responder melhor a potenciais perigos no seu ambiente.

À medida que a tecnologia robótica continua a evoluir, as estruturas de tomada de decisão, como a abordagem KSK, desempenham um papel crucial na definição das capacidades e aplicações dos robôs. Ao enfatizar o Conhecimento, a Consciência Situacional e a Partilha de Conhecimento, esta abordagem aborda os desafios da autonomia e da adaptabilidade em ambientes complexos. As implicações da abordagem KSK vão para além das discussões teóricas; abrem caminho a sistemas robóticos mais inteligentes, eficientes e cooperativos que podem prosperar num mundo cada vez mais interligado. À medida que continuamos a aperfeiçoar estas estruturas, o futuro da robótica parece promissor, aproximando-nos de uma realidade em que os robôs se podem integrar sem problemas nas nossas vidas.

7.3 TOMADA DE DECISÕES EM ROBÓTICA COM BASE NA INTELIGÊNCIA ARTIFICIAL

O rápido avanço da tecnologia deu origem a uma nova era de inovação em vários domínios, nomeadamente na robótica. A integração da Inteligência Artificial (IA) e da Internet das Coisas (IoT) provou ser um fator de mudança, permitindo que os robôs interajam com o seu ambiente de formas cada vez mais sofisticadas. Esta convergência facilita os processos autónomos de tomada de decisões que podem aumentar significativamente a eficiência, a adaptabilidade e a inteligência das aplicações robóticas. Neste artigo, iremos aprofundar a forma como a IA e a IoT, em sinergia, potenciam a tomada de decisões na robótica, transformando indústrias e explorando potenciais aplicações futuras. Esta abordagem KSK é sugerida pelo Dr. Kutubuddin S Kazi, que é autor de muitos artigos sobre a tomada de decisões baseada na AIIoT. KSK é parecido com o nome do autor.

A Inteligência Artificial engloba uma série de tecnologias que permitem às máquinas imitar funções cognitivas como a aprendizagem, o raciocínio, a resolução de problemas e a tomada de decisões. Na robótica, a IA permite que os robôs processem grandes quantidades de dados dos seus sensores, aprendam com as suas interações com o ambiente e tomem decisões em tempo real com base nesses dados. Eis algumas das principais técnicas de IA que são particularmente relevantes para a robótica:

1. **Aprendizagem automática (ML):** Este subconjunto da IA permite que os robots aprendam com os dados, reconheçam padrões e melhorem o seu desempenho

ao longo do tempo sem programação explícita. Por exemplo, um robô pode analisar dados do seu ambiente para melhorar as suas capacidades de navegação.

2. **Visão por computador:** Os robôs equipados com sistemas de visão por computador podem interpretar dados visuais de câmaras, permitindo-lhes identificar objectos, seguir movimentos e tomar decisões com base em dados visuais. Esta capacidade é crucial em aplicações que vão desde os veículos autónomos à automação industrial.
3. **Processamento de linguagem natural (PNL):** Os robôs com IA podem compreender e responder à linguagem humana, facilitando interações mais naturais com os utilizadores. Isto é particularmente benéfico para os robôs de serviço ao cliente e para os assistentes interactivos.

A Internet das Coisas é constituída por dispositivos físicos interligados que comunicam e trocam dados através da Internet. No contexto da robótica, os dispositivos IoT podem fornecer fluxos de dados em tempo real a partir de vários sensores, permitindo aos robôs aceder e analisar informações para além do seu ambiente imediato. Esta interconexão oferece várias vantagens:

1. **Acesso a dados em tempo real:** Os sensores IoT podem fornecer aos robôs informações sobre condições como a temperatura, a humidade ou mesmo os padrões de tráfego, permitindo a tomada de decisões informadas com base nos ambientes actuais.
2. **Monitorização e controlo remotos:** A conetividade IoT permite a gestão remota de robôs, tornando possível atualizar os seus algoritmos, monitorizar o seu desempenho e intervir quando necessário - tudo à distância.
3. **Colaboração e inteligência de enxame:** Os robôs equipados com capacidades IoT podem trabalhar em colaboração e partilhar informações entre si, aumentando a eficiência global e permitindo a execução de tarefas complexas através da inteligência de enxame.

Sinergia da IA e da IoT na robótica

A combinação da IA e da IoT cria uma poderosa infraestrutura para sistemas robóticos inteligentes. Esta sinergia permite várias capacidades transformadoras:

1. Autonomia reforçada

Os robôs orientados por IA equipados com sensores IoT podem analisar de forma independente o seu ambiente, antecipar potenciais problemas e tomar decisões para ajustar as suas operações em conformidade. Por exemplo, um robô de entregas pode evitar obstáculos compreendendo os dados do fluxo de tráfego em tempo real dos sensores IoT próximos.

2. Tomada de decisões com consciência do contexto

Os dispositivos IoT fornecem dados contextualmente ricos que os robots podem aproveitar para tomar decisões informadas. Um robô agrícola, por exemplo, pode analisar os níveis de humidade do solo, as previsões meteorológicas e os dados sobre a saúde das culturas - todos provenientes de sensores IoT - para determinar o momento ideal para a irrigação ou a colheita.

3. Manutenção Preditiva

Ao recolher continuamente dados através de sensores IoT, os robots podem avaliar o seu estado e prever potenciais falhas antes de estas ocorrerem. Esta capacidade de manutenção preditiva pode poupar tempo e recursos, reduzindo o tempo de inatividade em aplicações industriais.

4. Aprendizagem adaptativa

As tecnologias de IA permitem que os robôs aprendam com as suas interações e, quando combinadas com a IoT, podem ajustar os seus comportamentos com base em dados de vários ambientes. Esta adaptabilidade é crucial em contextos dinâmicos, como a resposta a catástrofes, em que os robôs têm de responder a condições imprevisíveis.

Aplicações no mundo real

A aplicação da tomada de decisões baseada na IoT e orientada para a IA na robótica abrange vários sectores, incluindo:

- **Fabrico:** Os robôs equipados com IA e IoT estão a revolucionar as linhas de montagem, optimizando os fluxos de trabalho, gerindo inventários e prevendo falhas no equipamento.

- **Cuidados de saúde:** Os assistentes cirúrgicos robóticos e os robôs de telemedicina utilizam sensores IoT e algoritmos de IA para tomar decisões em tempo real que melhoram os cuidados aos doentes.
- **Agricultura:** Os robôs agrícolas inteligentes utilizam os dados da IoT para a monitorização e gestão das culturas, conduzindo a práticas agrícolas mais sustentáveis e a um aumento dos rendimentos.
- **Logística:** Os drones de entrega autónomos tiram partido da IA e da IoT para otimizar as rotas, garantindo entregas atempadas e minimizando os custos operacionais.

Tendências futuras

À medida que a tecnologia continua a avançar, o potencial para a tomada de decisões baseada na IoT e orientada para a IA no domínio da robótica só irá aumentar. As tendências futuras podem incluir:

- **Maior interoperabilidade:** À medida que as normas se desenvolvem, a capacidade de vários dispositivos e robôs comunicarem eficazmente aumentará as capacidades de colaboração.
- **Técnicas avançadas de IA:** A integração de técnicas de IA mais avançadas, como a aprendizagem profunda e a aprendizagem por reforço, melhorará ainda mais as capacidades de tomada de decisões dos robots.
- **Protocolos de segurança melhorados:** Com o aumento da conetividade, surge a necessidade de medidas de segurança robustas para proteger os dispositivos contra ciberameaças, garantindo operações seguras e fiáveis em aplicações críticas.

A tomada de decisões baseada na IoT e orientada para a IA na robótica está a remodelar o panorama da automatização em várias indústrias. Ao tirar partido dos pontos fortes da IA e da IoT, os robôs estão a tornar-se mais autónomos, eficientes e capazes de tomar decisões complexas. À medida que continuamos a explorar o potencial desta sinergia, o futuro promete aplicações ainda mais inovadoras, abrindo novas fronteiras para a robótica e transformando a forma como trabalhamos e vivemos.

Capítulo 8: Problemas nos sistemas baseados na AIIoT

8.1 INTRODUÇÃO:

Os sistemas da Internet das Coisas (IoT) orientados para a IA têm o potencial de revolucionar as indústrias, melhorando a tomada de decisões, optimizando os processos e fornecendo informações em tempo real. No entanto, estes sistemas não estão isentos de desafios. Um dos principais problemas é a grande quantidade de dados gerados pelos dispositivos IoT, que podem sobrecarregar os algoritmos de IA. Embora os modelos de aprendizagem automática exijam conjuntos de dados substanciais para serem eficazes, o afluxo contínuo de dados em tempo real pode levar a dificuldades na gestão e no processamento de dados, afectando a capacidade de resposta e a precisão do sistema.
Além disso, as preocupações com a segurança e a privacidade são desafios significativos nos ecossistemas IoT orientados para a IA. Com dispositivos interligados que recolhem dados sensíveis dos utilizadores, estes sistemas tornam-se alvos atractivos para ciberataques. A integração da IA pode exacerbar estes riscos, uma vez que as vulnerabilidades nos algoritmos de IA podem ser exploradas, levando a violações que comprometem não só a privacidade individual, mas também a integridade de toda a rede IoT. Garantir medidas de segurança robustas e, ao mesmo tempo, manter a interoperabilidade dos dispositivos é um ato de equilíbrio complexo que os programadores têm de resolver.

Além disso, há questões relacionadas com a explicabilidade e a transparência das decisões baseadas em IA. Muitos modelos de IA funcionam como "caixas negras", tornando difícil para os utilizadores compreenderem como são tomadas as decisões, o que pode ser problemático em aplicações críticas como os cuidados de saúde ou a condução autónoma. Esta falta de transparência pode minar a confiança entre os utilizadores e as partes interessadas, dificultando a adoção generalizada de soluções IoT baseadas em IA. Por conseguinte, o desenvolvimento de sistemas de IA explicáveis que forneçam informações claras sobre os seus processos de tomada de decisões é essencial para ultrapassar esta barreira.

Por último, a integração das tecnologias de IA e IoT pode levar a desafios significativos em termos de normalização e interoperabilidade. Com uma gama diversificada de dispositivos e plataformas em utilização, garantir uma comunicação e colaboração perfeitas entre eles pode ser intimidante. As variações nos protocolos e formatos de dados podem criar silos de informação que limitam a eficácia dos algoritmos de IA, acabando por prejudicar os potenciais benefícios de um ambiente IoT interligado.

A resolução destes problemas de interoperabilidade é crucial para a realização de sistemas IoT verdadeiramente inteligentes orientados para a IA.

8.2 PROBLEMAS NOS SISTEMAS BASEADOS NA IOT ORIENTADOS PARA A IA

A proliferação da Internet das Coisas (IoT) combinada com a inteligência artificial (IA) deu início a uma nova era de capacidades tecnológicas, permitindo casas, cidades e indústrias mais inteligentes. No entanto, a integração destas duas poderosas tecnologias não está isenta de desafios. À medida que adoptamos os sistemas IoT orientados para a IA, é essencial compreender e resolver os problemas inerentes que podem surgir. De seguida, analisamos algumas das questões mais prementes que os ecossistemas IoT baseados em IA enfrentam.

1. Privacidade e segurança dos dados

Uma das preocupações mais significativas em torno dos sistemas IoT baseados em IA é a privacidade e a segurança dos dados. Os dispositivos IoT recolhem frequentemente grandes quantidades de informações pessoais e, quando combinados com análises de IA, o potencial de utilização indevida é alarmante. As violações de dados podem expor informações sensíveis, levando ao roubo de identidade e à vigilância não autorizada. Além disso, muitos dispositivos IoT têm medidas de segurança mínimas, tornando-os vulneráveis à pirataria informática. Garantir uma encriptação robusta, hardware seguro e actualizações regulares de software são passos fundamentais para reforçar a segurança, mas estes são frequentemente negligenciados pelos fabricantes. Para efeitos de segurança dos dispositivos IoT, sugerimos a utilização da abordagem KK. A abordagem KK é também sugerida pelo Dr. Kutubuddin S Kazi. Este método foi batizado com o seu nome.

2. Questões de interoperabilidade

O ecossistema IoT inclui uma grande variedade de dispositivos, normas e protocolos, o que leva frequentemente a desafios de interoperabilidade. Nem todos os dispositivos podem comunicar eficazmente devido a diferentes normas de comunicação ou à falta de compatibilidade entre fabricantes. Esta fragmentação dificulta a integração perfeita de algoritmos de IA que requerem dados de várias fontes para funcionarem de forma óptima. Para ultrapassar este problema, as partes interessadas precisam de colaborar em normas universais para criar um ecossistema mais coeso.

3. Desafios de escalabilidade

À medida que os sistemas IoT orientados para a IA se tornam mais prevalecentes, a necessidade de escalabilidade torna-se evidente. As empresas enfrentam frequentemente dificuldades quando tentam escalar as suas soluções IoT, especialmente quando gerem grandes quantidades de dados gerados por inúmeros dispositivos. Por vezes, os modelos de IA têm dificuldade em processar e analisar estes dados rapidamente, o que leva a estrangulamentos e problemas de latência. A criação de infra-estruturas flexíveis e escaláveis que possam lidar com o aumento das cargas de dados, mantendo o desempenho, é essencial para o crescimento sustentado.

4. Viés algorítmico

Os algoritmos de IA aprendem com os dados com que são treinados, o que pode levar a decisões tendenciosas se os dados de treino não forem representativos. Nas aplicações IoT, os sistemas de IA tendenciosos podem exacerbar as desigualdades existentes ou causar danos não intencionais. Por exemplo, se um sistema de gestão de tráfego de uma cidade inteligente orientado por IA for treinado principalmente em dados de determinados bairros, pode não conseguir otimizar os fluxos de tráfego em áreas sub-representadas, causando congestionamento e frustração. A abordagem do enviesamento algorítmico requer uma curadoria cuidadosa dos conjuntos de dados de treino e uma avaliação contínua do desempenho da IA em diversas populações e condições.

5. Dependência da conetividade

Os sistemas IoT orientados para a IA dependem fortemente de ligações à Internet estáveis e rápidas para funcionarem eficazmente. Em muitas regiões, especialmente nas zonas rurais, a conetividade pode ser pouco fiável ou inexistente, limitando a utilidade destas tecnologias. Além disso, os problemas de rede podem levar a atrasos no processamento de dados, afectando as capacidades de tomada de decisões em tempo real. Para atenuar estes desafios, são necessários maiores investimentos em infra-estruturas e a exploração da computação periférica, que permite o processamento de dados mais próximo do dispositivo, em vez de depender exclusivamente de recursos da nuvem.

6. Consumo de energia

A integração da IA e da IoT é muitas vezes intensiva em termos energéticos, uma vez que tanto os algoritmos de IA como os dispositivos IoT necessitam de energia substancial para funcionar. Este elevado consumo de energia pode não só levar a um aumento dos custos operacionais, mas também colocar desafios ambientais, contradizendo os objectivos de sustentabilidade que muitas organizações procuram alcançar. O desenvolvimento de algoritmos eficientes em termos energéticos e a utilização de dispositivos IoT de baixo consumo de energia são passos fundamentais para reduzir a pegada ecológica dos sistemas IoT orientados para a IA.

7. Conformidade regulamentar

À medida que as tecnologias de IA e IoT evoluem, o mesmo acontece com os quadros regulamentares que as rodeiam. A conformidade com os regulamentos de proteção de dados, como o Regulamento Geral de Proteção de Dados (GDPR) na Europa ou a Lei de Privacidade do Consumidor da Califórnia (CCPA) nos Estados Unidos, apresenta desafios significativos para as organizações. Navegar pelas complexidades destes regulamentos requer formação contínua e diligência, uma vez que o incumprimento pode resultar em penalizações graves.

Os sistemas IoT orientados para a IA têm um enorme potencial, desde a melhoria da eficiência operacional nas indústrias até à melhoria da vida quotidiana através de dispositivos inteligentes. No entanto, a resolução dos desafios inerentes a estas tecnologias é crucial para o seu desenvolvimento e implantação sustentáveis. Ao dar prioridade à segurança dos dados, à interoperabilidade, à escalabilidade, à equidade algorítmica, à conetividade, à eficiência energética e à conformidade regulamentar, as partes interessadas podem criar ecossistemas IoT orientados para a IA mais resilientes, éticos e eficazes. Ao olharmos para o futuro, uma abordagem colaborativa que envolva tecnólogos, decisores políticos e consumidores garantirá que estas tecnologias sirvam o objetivo pretendido, minimizando os desafios.

BIBILIOGRAFIA

[1] Liyakat, K.K.S. (2024). Abordagem de aprendizado de máquina usando redes neurais artificiais para detetar nós maliciosos em redes IoT. *Em: Udgata, S.K., Sethi, S., Gao, XZ. (eds) Sistemas Inteligentes. ICMIB 2023. Notas de aula em redes e sistemas, vol. 728. Springer, Singapura.* https://doi.org/10.1007/978-981-99-3932-9 12 disponível at: https://link.springer.com/chapter/10.1007/978-981-99-3932-9 12

[2] M Pradeepa, et al. (2022). Deteção da saúde do aluno usando uma abordagem de aprendizado de máquina e IoT, *2022 IEEE 2 nd Conferência Internacional da subseção de Mysore (MysuruCon),* 2022.

[3] K. K. S. Liyakat. (2023).Detecting Malicious Nodes in IoT Networks Using Machine Learning and Artificial Neural Networks, *2023 International Conference on Emerging Smart Computing and Informatics (ESCI),* Pune, India, 2023, pp. 1-5, doi: 10.1109/ESCI56872.2023.10099544.

[4] K. Kasat, N. Shaikh, V. K. Rayabharapu, M. Nayak. (2023). Implementação e Reconhecimento de Sistema de Gestão de Resíduos com Solução de Mobilidade em Cidades Inteligentes usando Internet das Coisas, *2023 Segunda Conferência Internacional sobre Inteligência Aumentada e Sistemas Sustentáveis (ICAISS),* Trichy, Índia, 2023, pp. 1661-1665, doi: 10.1109/ICAISS58487.2023.10250690

[5] Liyakat, K.K.S. (2023). Abordagem de aprendizado de máquina usando redes neurais artificiais para detetar nós maliciosos em redes IoT. *Em: Shukla, P.K., Mittal, H., Engelbrecht, A. (eds) Visão computacional e robótica. CVR 2023. Algoritmos para sistemas inteligentes. Springer, Singapura.* https://doi.org/10.1007/978-981-99-4577-1 3

[6] Kazi, K. (2024a). IoT orientada por IA (AIIoT) no monitoramento de cuidados de saúde. Em T. Nguyen & N. Vo (Eds.), *Using Traditional Design Methods to Enhance AI-Driven Decision Making* (pp. 77-101). IGI Global. https://doi.org/10.4018/979-8-3693-0639-0.ch003 disponível em: https://www.igi-global.com/chapter/ai-driven-iot-aiiot-in-healthcare-monitoring/336693

[7] Kazi, K. (2024b). Modelação e Simulação de Veículos Eléctricos para Análise de Desempenho: Implementação de veículos eléctricos BEV e HEV utilizando Simulink para ecossistemas de mobilidade eletrónica. *Em L. D., N. Nagpal, N. Kassarwani, V. Varthanan G., & P. Siano (Eds.), E-Mobility in Electrical Energy Systems for Sustainability (pp. 295-320). IGI Global.* https://doi.org/10.4018/979-8-3693-2611-4.ch014 Disponível em: https://www.igi-global.com/gateway/chapter/full-text-pdf/341172

[8] Kazi, K. S. (2024a). Diagnóstico assistido por computador em oftalmologia: Uma revisão técnica das aplicações de aprendizagem profunda. Em M. Garcia & R. de Almeida (Eds.), *Transformative Approaches to Patient Literacy and Healthcare Innovation* (pp. 112-135). IGI Global. https://doi.org/10.4018/979-8- 3693-3661-8.ch006 Disponível em: https://www.igi-global.com/chapter/computer-aided-diagnosis- in-ophthalmology/342823

[9] Prashant K Magadum (2024). Machine Learning for Predicting Wind Turbine Output Power in Wind Energy Conversion Systems, *15th International Conference on Advances in Computing, Control, ad Telecommunication Technologies, ACT2024, 2024,1,* pp. 2074-2080. ID do Grenze: 01.GIJET.10.1.4_1

[10] P. Neeraja, R. G. Kumar, M. S. Kumar, K. K. S. Liyakat e M. S. Vani. (2024). Deteção de sonolência baseada em DL para melhorar a segurança do motorista e o monitoramento do estado de alerta. *2024 IEEE International Conference on Computing, Power, and Communication Technologies, IC2PCT2024,* Greater Noida, Índia, 2024, pp. 589-594, doi: 10.1109/IC2PCT60090.2024.10486714. Disponível em:

https://ieeexplore.ieee.org/document/10486714

[11] Kazi Kutubuddin Sayyad Liyakat, (2024). IA explicável nos cuidados de saúde. In: Explicável Inteligência Artificial no Sistema de Saúde, editores: *A. Anitha Kamaraj, Debi Prasanna Acharjya.* ISBN: 9798-89113-598-7. doi: https://doi.org/10.52305/GOMR8163

[12] Liyakat Kazi, K. S. (2024). ChatGPT: Um guia de aprendizagem automatizado para professores. *Em R. Bansal, A. Chakir, A. Hafaz Ngah, F. Rabby, & A. Jain (Eds.), AI Algorithms and ChatGPT for Student Engagement in Online Learning,2024,* pp. 1-20. IGI Global. https://doi.org/10.4018/979-8-3693- 4268-8.ch001

[13] C. Veena, M. Sridevi, K. K. S. Liyakat, B. Saha, S. R. Reddy e N. Shirisha,(2023). HEECCNB: Uma arquitetura IoT-Cloud eficiente para transmissão segura de dados de pacientes e previsão precisa de doenças em sistemas de saúde, *2023 Sétima Conferência Internacional sobre Processamento de Informações de Imagem (ICIIP),* Solan, Índia, 2023, pp. 407-410, doi: 10.1109 / ICIIP61524.2023.10537627. Disponível em: https://ieeexplore.ieee.org/document/10537627

[14] K. Rajendra Prasad, Santoshachandra Rao Karanam (2024). AI in public-private partnership for IT infrastructure development, *Journal of High Technology Management Research,* Volume 35, Issue 1, May 2024, 100496. https://doi.org/10.1016/j.hitech.2024.100496

[15] Kazi, K. S. (2024b). IoT impulsionada pela aprendizagem automática (MLIoT) para o sector do vestuário de retalho. *Em T. Tarnanidis, E. Papachristou, M. Karypidis, & V. Ismyrlis (Eds.), Driving Green Marketing in Fashion and Retail* (pp. 63-81). IGI Global. https://doi.org/10.4018/979-8-3693-3049-4.ch004

[16] Kutubuddin Kazi, (2024a). Machine Learning (ML) -Based Braille Lippi Characters and Numbers Detection and Announcement System for Blind Children in Learning, *In Gamze Sart (Eds.), Social Reflections of Human-Computer Interaction in Education, Management, and Economics, IGI Global.* https://doi.org/10.4018/979-8-3693-3033-3.ch002

[17] Kazi, K. S. (2024). Automação agrícola baseada em IoT (AIIoT) orientada por inteligência artificial (IA). Em S. Satapathy & K. Muduli (Eds.), *Métodos computacionais avançados para a sustentabilidade do agronegócio* (pp. 72-94). IGI Global. https://doi.org/10.4018/979-8-3693-3583-3.ch005

[18] Konnur, R. G. (2024). Sistema de monitorização da saúde do veículo (VHMS) através da utilização de IoT e sensores, *15 th Conferência Internacional sobre Avanços em Computação, Controlo e Tecnologias de Telecomunicações, ACT 2024, 2024,2,* pp.- 5367-5374.

[19] Liyakat, K.K.S, (2024m).**A Novel Approach on ML based Palmistry,** *15th International Conference on Advances in Computing, Control, ad Telecommunication Technologies, ACT 2024, 2024, 2,* pp.- 5186-5193.

[20] Liyakat, K.K.S, (2024e). **Monitorização do estado da caldeira com base na IoT para as indústrias açucareiras,** *15th Conferência Internacional sobre Avanços nas Tecnologias de Computação, Controlo e Telecomunicações, ACT 2024, 2024, 2,* pp. 5178 -5185.

[21] *Liyakat, K.K.S.,* (2024). Explainable AI in healthcare, Explainable Artificial Intelligence in Healthcare Systems, *2024, pp. 271-284.*

[22] Kazi, K. S. (2024). Deteção e tratamento de doenças da romã com base na aprendizagem automática. Em M. Zia Ul Haq & I. Ali (Eds.), *Revolutionizing Pest Management for Sustainable Agriculture* (pp. 469498). IGI Global. https://doi.org/10.4018/979-8-3693-3061-6.ch019

[23] Kazi, K. S. (2025). Tecnologias IoT para a indústria de lacticínios inteligente: Um novo desafio. Em S. Thandekkattu & N. Vajjhala (Eds.), *Designing Sustainable Internet of Things Solutions for Smart Industries* (pp. 321-350). IGI Global. https://doi.org/10.4018/979-8-3693-

5498-8.ch012
[24] Kutubuddin Kazi (2025b). Sistema de monitorização dos cuidados de saúde baseado na aprendizagem automática e na Internet das coisas (MLIoT). *Em Nilmini Wickramasinghe (Eds.), Impact of Digital Solutions for Improved Healthcare Delivery, IGI Global.*
[25] Liyakat, K. K. (2025). Monitoramento da saúde do coração usando IoT e métodos de aprendizado de máquina. Em A. Shaik (Ed.), *AI-Powered Avanços em Farmacologia* (pp. 257-282). IGI Global. https://doi.org/10.4018/979-8-3693-3212-2.ch010
[26] Kazi, K. S. (2025f). Sistema de tomada de decisão baseado em AI-Powered-IoT (AIIoT) para monitoramento de cuidados de saúde do paciente com PA: Abordagem KSK para monitoramento de cuidados de saúde do paciente com PA. *Em S. Aouadni & I. Aouadni (Eds.), Teorias e aplicações recentes para tomada de decisão multicritério (pp. 205-238). IGI Global.* https://doi.org/10.4018/979-8-3693-6502-1.ch008
[27] Kazi, K. S. (2025c). Tomada de decisão baseada em AI-Driven-IoT (AIIoT) em drones para mudanças climáticas: Abordagem KSK. *Em S. Aouadni & I. Aouadni (Eds.), Teorias e aplicações recentes para a tomada de decisões multicritério* (pp. 311-340). IGI Global. https://doi.org/10.4018/979-8-3693-6502-1.ch011
[28] KKS Liyakat (2024f). Deteção de nós maliciosos em redes IoT utilizando redes neurais artificiais, *Redes Inteligentes: Techniques, and Applications,* 2024, pp.182- 197, CRC Press.
[29] Kazi, K. S. (2025d). Tomada de decisão baseada em AI-Driven-IoT (AIIoT) no monitoramento de cuidados de saúde de pacientes com doenças renais: Abordagem KSK para monitoramento renal. Em L. Özgür Polat & O. Polat (Eds.), *AI- Driven Innovation in Healthcare Data Analytics* (pp. 277-306). IGI Global Scientific Publishing. https://doi.org/10.4018/979-8-3693-7277-7.ch009
[30] Mahant, M. A. (2025). Sistema de monitorização dos cuidados de saúde baseado na aprendizagem automática da Internet das coisas (MLIoT). Em N. Wickramasinghe (Ed.), *Digitalization and the Transformation of the Healthcare Setor* (*Digitalização e transformação do sector da saúde*) (pp. 205-236). IGI Global Scientific Publishing. https://doi.org/10.4018/979-8- 3693-9641-4.ch007
[31] Priya Nerkar e Kazi Sultanabanu, (2024). Sistema de monitorização da saúde da pele baseado na IoT, Jornal Internacional de Biologia, Farmácia e Ciências Aliadas (IJBPAS). 2024, 13(11): 5937-5950. https://doi.org/10.31032/IJBPAS/2024/13.11.8488
[32] Kazi, K. S. (2025e). IoT alimentada por IA (AI IoT) para a tomada de decisões na agricultura inteligente: Abordagem KSK para a agricultura inteligente. Em S. Hai-Jew (Ed.), *Enhancing Automated Decision-Making Through AI* (pp. 67-96). IGI Global Scientific Publishing. https://doi.org/10.4018/979-8-3693-6230-3.ch003
[33] Kazi, K. S. (2025f). Abordagem KK para aumentar a resiliência na Internet das Coisas: A T-Cell Security Concept. Em D. Darwish & K. Charan (Eds.), Analyzing Privacy and Security Difficulties in Social Media: New Challenges and Solutions (Novos desafios e soluções) (pp. 87-120). IGI Global Scientific Publishing. https://doi.org/10.4018/979-8-3693-9491-5.ch005
[34] Kazi, K. S. (2025g). Abordagem KK para aumentar a resiliência na Internet das Coisas: A T-Cell Security Concept. Em Mohammed Almaiah, Said Salloum (Eds.), Cryptography, Biometrics, and Anonymity in Cybersecurity Management [Criptografia, Biometria e Anonimato na Gestão da Cibersegurança]. IGI Global Scientific Publishing.

Printed by Books on Demand GmbH, Norderstedt / Germany